拡がりをもつ素粒子像

拡がりをもつ素粒子像

後藤鉄男著

岩波書店

まえがき

拡がりをもつ素粒子の模型について書くようにいわれたのは2年ほど前のことで，それを受諾するのに少なからぬためらいがあった．近年，素粒子の拡がりや構造に言及する議論はたしかに多くなってきているが，素粒子の質点的描像をはなれて，何らかの固有の拡がりを想定する模型や理論は，やはり，例外的存在である．また，そのような理論の定式化は極めて不満足にしか行われておらず，高エネルギーの素粒子の諸過程の解析を行うに足る形式はまだ整っていない．また，このような理論は一人一人の個性が大きく表面にでているものが多く，スタンダードな形式が確立していないので，拡がりをもつ素粒子像についてどのような形にまとめるかがもっとも迷うところである．しかし，固有の拡がりをもつ対象の相対論的量子論をつくりあげ，局所場の理論にもとづく素粒子論に転機を見出していきたいということぐらいはほぼ一致している立場だと思う．少なくともそのような努力をつづけている人々も存在することは事実であり，そのような試みの一面を紹介し，記録にとどめるというだけでも多少の意義があるものと考え，非力をかえりみず本書を書いてみようと決心した．

これをまとめるにあたって，1956年の中野董夫氏の剛体模型以後，私が個人的に興味をもち，また，実際に手をくだして追求してきたことを中心にした．さきにも述べたように，このような理論は未だあまりにも未完成であり，主観的見解をはなれた綜合報告ではとりとめのないものになるおそれがあったからである．また，筆者の不勉強と能力の不足から，数多くの研究の内容や意図を有機的に再構成することは不可能と判断した．

さて，拡がりをもつ素粒子像の定式化にとってまず問題になるのは相対論との調和である．これについては自由粒子の波動方程式を設定するということで，いろいろな方法が提案されていて，孤立系の全体的運動は何らかの形で記述できる．しかし，二つ以上の孤立系が接近して相互に影響を及ぼし合う相互作用を含む場合の検討はようやく始ったところで，あまり多くの定式化はみられないのであるが，拡がりが表面にでてくるとすれば，相互作用を通じてであり，相互作用の取扱いを抜きにしては拡がりをもつ素粒子像は有効なものとはなり得ない．それ故，たとえ理論としてはまだ未熟な段階にあるとしても，相互作用の取扱い方にかなりの重点をおきたいと考えた．そのため，非局所模型や紐の理論についての多くの重要なことや興味あることを省略した．たとえば，紐の理論における古典解，ゴーストの消去に関する証明，light-like gauge での取扱いなどは全くふれていない．また，1950年前後の非局所場の理論の成果についてもほとんどふれていないが，その中で今後再び登場するかもしれないものに S 行列についての議論がある．これについては本書を書く流れの中にうまくはめこめなかった．なお，紐の理論についてはすでにすぐれた綜合報告がいくつかでており，本書で紹介する必要を必ずしも感じなかったが，その定式化が美しくできることや相互作用を考える上でイメージが摑みやすいことなどから付け加えたものであり，内容は他の書物にあまりふれられていないものを中心にしたつもりである．全くふれることができなかったものの中に第二量子化の問題がある．近年，ファインマンの経路積分の方法などを用いて二三の研究はあるが，まとまった形で拡がりをもつ模型の場の理論を構成したものは存在しない．むしろこの問題はさらに新しい考えを導入して検討する必要があるのではないかと考えられる．

本書は相対論と量子論の初等的知識を前提としてかかれている．場の理論についてはファインマン図の規則を知っていることを期待している．それ以外は特別な予備知識を予定してはいない．また具体的な計算もある程度くわしくかいたつもりである．筆者の能力不足による計算間違いや，誤解による誤った記述などができるだけ少ないことを願うものである．

1960年代の中頃から剛体模型の勉強をはじめた私をつねに激励し，いろいろと教えてくださった日本大学理工学部の原治教授にこの機会に感謝の意を表したいと思います．本書の中には原教授との共同研究やその示唆による結果が数多くあります．また，過去十数年にわたり素粒子の時空記述の研究会などにおいて湯川秀樹先生は私共の仕事に深い理解を示して下さり，示唆に富む話を聞く機会をあたえて下さいました．また，名古屋大学の高林武彦先生にはいろいろな機会に議論して頂き，多くのことを学ばせて頂きました．ここに両先生に深く感謝したいと思います．本書は岩波書店の小川豊氏の熱心な協力によりなんとか形をととのえることができました．生来怠惰な私にとってこれがなければ本書を最後までまとめあげることはできなかったと思います．最後に，本書をまとめる初期の段階で，数カ月間自由な時間を与えて頂いたアルバータ大学の高橋康教授に深く感謝いたします．

1978年6月

後藤鉄男

追記　巻末に若干の関連する文献をのせてある．本文の中で[　]の中の番号はこの巻末参考文献の番号である．

目　　次

第1章　剛体および弾性球の非相対論的量子論

拡がりをもつ物体の中で最も簡単なものは，剛体として理想化されるものである．巨視的な物体の運動を論ずる場合，多かれ少なかれ何らかの理想化が必要であり，剛体的理想化は質点の次に単純なものであるが，その理想化に際しての極限移行が特殊相対論とはなじみにくい概念を含むものであるために，相対論的剛体運動の定式化は非相対論的理論の形式的な拡張であり，いろいろな可能性がある．他方，非相対論的剛体回転の量子論は質点の量子論にない複雑さを含んでいて，それ自身興味深いものである．剛体運動は拡がりをもつ物体を取り扱う場合に必要なさまざまな様子を最も簡単な形で含んでいて，相対論的形式へ移行する際に参考になることが多い．そこでまず非相対論的剛体の量子論を少しくわしくみることにしよう．ついで，微小変形を許す弾性球の取扱いをみることにする．これは，剛体概念の次に簡単な理想化された対象とみることができよう．素粒子の模型を考えるにあたっては，剛体的なものだけでは充分多くの自由度を含み得ないので，このような順序で考えていくとすれば，変形をゆるす物体の運動を考えねばならないからである．

剛体の量子論は1926年にF. ReicheとH. Rademacherによって論じられ，R. de Kronig–I. I. Rabiの論文がついで出版され，またW. Pauliも論じている．特にH. B. G. Casimirの“量子力学における剛体の回転”(1931年)[6]という小冊子では，その数学的構造は完全に論じつくされている．これはその意味で剛体回転に関する古典である．当時は分子スペクトルの解明に関係して分子の回転運動を念頭において，剛体回転が論じられているので，群の表現の言葉でいえば1価表現に重点がおかれている傾向がある．以下で述べる方法は，もちろん，これらの議論に何ら新しい要素を付け加えるものではない．むしろ，より簡単な方法を用いて剛体運動を論じ，出来れば相対論的拡張の出発点を準備することにある．

§1.1　剛体回転の運動学的記述

剛体的運動は物体上の任意の2点 P $(\vec{x}_{\mathrm{P}})$ と Q $(\vec{x}_{\mathrm{Q}})$ の相対的位置が変らないような理想化された運動である．いま物体上のこの2点の軌跡をそれぞれ

$$\vec{x}_{\mathrm{P}} = \vec{x}_{\mathrm{P}}(t)$$
$$\vec{x}_{\mathrm{Q}} = \vec{x}_{\mathrm{Q}}(t)$$

とすると，この2点間の距離は変らないから

$$(\vec{x}_{\mathrm{P}}(t) - \vec{x}_{\mathrm{Q}}(t))^2 = 一定 \tag{1.1}$$

という条件が成り立たねばならない．この条件をみたすような運動は，$t=t_0$ における各点の位置をそれぞれ $\vec{x}_{\mathrm{P}}(0), \vec{x}_{\mathrm{Q}}(0)$ とすると，$\vec{x}=(x^1, x^2, x^3)$ として

$$\begin{aligned} x_{\mathrm{P}}^i(t) &= a^i(t) + \sum_{k=1}^{3} C_k^i(t) x_{\mathrm{P}}^k(0) \\ x_{\mathrm{Q}}^i(t) &= a^i(t) + \sum_{k=1}^{3} C_k^i(t) x_{\mathrm{Q}}^k(0) \\ a^i(t_0) &= 0 \\ \sum_{i=1}^{3} C_k^i(t) C_l^i(t) &= \delta_{kl} \end{aligned} \tag{1.2}$$

で与えられる．$\vec{a}(t)$ は物体の並進運動をあらわし，$C_k^i(t)$ は回転運動をあらわす直交行列である．質点の運動は物体の並進運動のみを残す理想化であるが，物体の全体としての回転も消しさらないで残しておくのが剛体という理想化だと考えることができよう．

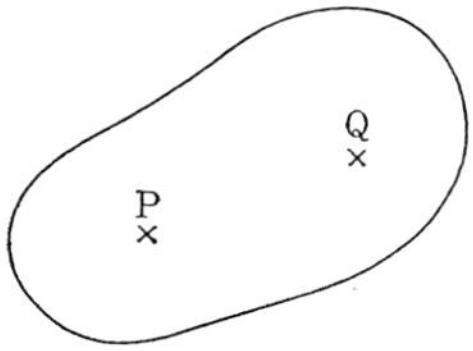

図 1.1

よく知られているように，物体の重心座標をうまく定義しておけば，並進運動は重心の並進運動で代表され，回転運動は重心のまわりの回転運動としてあらわすことができる．そして，この二つの運動は，非相対論的な場合には，完全に分離される．そこで，重心に原点をもち物体とともに動く，いわゆる物体に固定された座標を用いる方法で剛体運動を考えていくことにする．この方法

は相対論的理論の定式化に有用であると同時に，微小変形をする弾性球を論ずる場合にも必要となる．

今，剛体上の任意の1点Oに原点をおく，剛体に固定された直交系を考え，これを物体固定系(body fixed frame)とよぶことにする．その各座標軸方向の単位ベクトルを $\vec{a}^{(1)}, \vec{a}^{(2)}, \vec{a}^{(3)}$ であらわす．各ベクトル $\vec{a}^{(i)}$ の三つの成分は適当に設定された実験室系での方向余弦になっている．こうすると剛体上の各点は物体固定系からみれば時間がたっても全く変化しないが実験室系からみれば変化することになる．

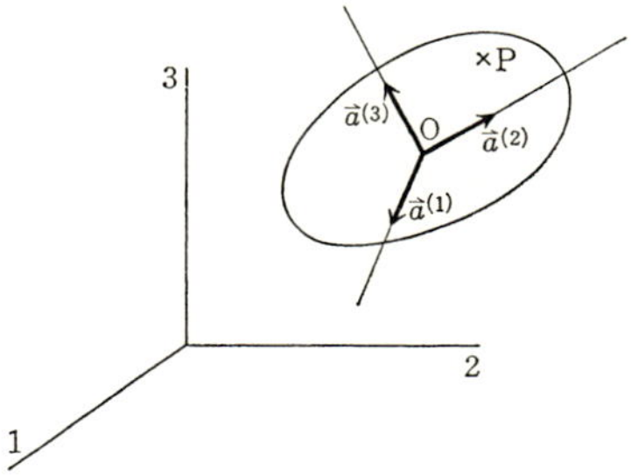

図 1.2

今，物体上の任意の点Pの実験室系での座標を $\vec{x}(x_1, x_2, x_3)$ とし，物体固定系での座標を (y^1, y^2, y^3) とすると，物体固定系の原点Oの座標を $\vec{X}$ として，

$$\vec{x} = \sum_{i=1}^{3} \vec{a}^{(i)} y^i + \vec{X} \tag{1.3}$$

$$\vec{a}^{(i)} \cdot \vec{a}^{(j)} = \delta^{ij} \tag{1.4}$$

となる．すなわち，点Pの運動は原点Oの運動と三つの単位ベクトル $\vec{a}^{(i)}$ $(i=1,2,3)$ (以下 triad と呼ぶ)の方向の変化で代表されることになる．たとえば点Pの速度は

$$\frac{d\vec{x}}{dt} = \sum_{i=1}^{3} \frac{d\vec{a}^{(i)}}{dt} y^i + \frac{d\vec{X}}{dt} \tag{1.5}$$

で与えられる．

ところで，$\vec{a}^{(i)}$ は規格直交系をなしているので，実際は三つの独立な変数しか含まない．この三つの独立変数としては，通常，オイラー角 (θ, φ, ϕ) が採用

される．今はしばらく具体的な形を用いることなしに議論を進めてみよう．

点Pにおける物体の質量密度を $\rho(x)$ とすると物体の運動エネルギー T は

$$
\begin{aligned}
T &= \frac{1}{2}\int d^3x\rho(x)\left(\frac{d\vec{x}}{dt}\right)^2 \\
&= \frac{1}{2}\int d^3y\rho(y)\left[\sum_{i,j=1}^{3}\frac{d\vec{a}^{(i)}}{dt}\frac{d\vec{a}^{(j)}}{dt}y^iy^j+\left(\frac{d\vec{X}}{dt}\right)^2+2\sum_{i=1}^{3}y^i\frac{d\vec{a}^{(i)}}{dt}\frac{d\vec{X}}{dt}\right]
\end{aligned}
\tag{1.6}
$$

となる．今，物体固定系の原点Oを重心にとれば

$$
\vec{X} = \int d^3x\vec{x}\rho(x)\Big/\int d^3x\rho(x) \tag{1.7}
$$

となり，(1.3)を用いて

$$
\vec{X} = \left\{\int d^3y\sum_{i=1}^{3}\vec{a}^{(i)}y^i\rho(y)\Big/\int d^3y\rho(y)\right\}+\vec{X}
$$

を得るので

$$
\int d^3yy^i\rho(y) = 0 \tag{1.8}
$$

となる．したがって，

$$
\begin{aligned}
T &= \frac{1}{2}M\left(\frac{d\vec{X}}{dt}\right)^2+\frac{1}{2}\sum_{i,j=1}^{3}\tilde{I}^{(ij)}\left(\frac{d\vec{a}^{(i)}}{dt}\frac{d\vec{a}^{(j)}}{dt}\right) \\
M &= \int d^3y\rho(y) \\
\tilde{I}^{(ij)} &= \int d^3yy^iy^j\rho(y)
\end{aligned}
\tag{1.9}
$$

となり，物体の回転と並進は完全に分離されることになる．ここで M は物体の全質量であり，$\tilde{I}^{(ij)}$ は物体固定系からみた対称テンソルであり，共にこの力学系を特徴づける定数である．

また，ベクトル $\dfrac{d\vec{a}^{(i)}}{dt}$ は $\vec{a}^{(i)}$ の1次結合として次のような形で書ける．

$$
\begin{aligned}
\frac{d\vec{a}^{(i)}}{dt} &= \sum_{j=1}^{3}\omega^{(ij)}\vec{a}^{(j)} \\
\omega^{(ij)} &= -\omega^{(ji)} = \left(\frac{d\vec{a}^{(i)}}{dt}\cdot\vec{a}^{(j)}\right)
\end{aligned}
\tag{1.10}
$$

この $\omega^{(ij)}$ の反対称性を用いて

$$\omega^{(1)}=\omega^{(23)},\qquad \omega^{(2)}=\omega^{(31)},\qquad \omega^{(3)}=\omega^{(12)}$$

とおけば，$\omega^{(i)}$ は物体固定系の各軸のまわりの回転の角速度を与える．これを用いて(1.10)は

$$\frac{d\vec{a}^{(i)}}{dt}=\sum_{j,k=1}^{3}\epsilon^{(ijk)}\omega^{(k)}\vec{a}^{(j)} \tag{1.10$'$}$$

と書け，また次の式を得る．

$$\begin{aligned}\left(\frac{d\vec{a}^{(i)}}{dt}\cdot\frac{d\vec{a}^{(j)}}{dt}\right)&=\sum_{k,l,k',l'=1}^{3}\epsilon^{(ikl)}\epsilon^{(jk'l')}\omega^{(l)}\omega^{(l')}\vec{a}^{(k)}\cdot\vec{a}^{(k')}\\&=\sum_{k,l,l'=1}^{3}\epsilon^{(ikl)}\epsilon^{(jkl')}\omega^{(l)}\omega^{(l')}\\&=\left(\delta^{(ij)}\sum_{l=1}^{3}\omega^{(l)}\omega^{(l)}-\omega^{(i)}\omega^{(j)}\right)\end{aligned} \tag{1.11}$$

したがって，(1.9)は次のようになる．

$$T=\frac{1}{2}M\left(\frac{d\vec{X}}{dt}\right)^2+\frac{1}{2}\left\{\left(\sum_{i=1}^{3}\tilde{I}^{(ii)}\right)\left(\sum_{l=1}^{3}(\omega^{(l)})^2\right)-\sum_{l,l'=1}^{3}\tilde{I}^{(ll')}\omega^{(l)}\omega^{(l')}\right\}$$

$\tilde{I}^{(ij)}$ は対称行列であるので適当な直交変換で対角化できる．このことは triad $\vec{a}^{(i)}$ の選び方をうまくすれば

$$\tilde{I}^{(ij)}=\tilde{I}^{(i)}\delta^{(ij)}=\int d^3y y^i y^j \rho(y)$$

となることを意味する．このように選ばれた軸が慣性主軸と呼ばれることはよく知られている．triad を慣性主軸の方向にとれば

$$\begin{aligned}T&=\frac{1}{2}M\left(\frac{d\vec{X}}{dt}\right)^2+\frac{1}{2}\sum_{i=1}^{3}I^{(i)}(\omega^{(i)})^2\\I^{(i)}&=\sum_{l=1}^{3}\tilde{I}^{(l)}-\tilde{I}^{(i)}=\int d^3y\rho(y)\left[\sum_{l=1}^{3}(y^l)^2-(y^i)^2\right]\end{aligned} \tag{1.12}$$

となり，$I^{(i)}$ は慣性主軸 $\vec{a}^{(i)}$ のまわりの慣性能率になることも周知のことである．以下並進運動は分離して扱えるので回転運動についてのみ考えることにする．

慣性能率 $I^{(i)}$ は物体に固有のパラメターで，この力学系の性質を規定する．系が回転対称(あるいは，ひらたくいってまるい)ということは $I^{(1)}=I^{(2)}=I^{(3)}$

ということであるが，このことは物体の幾何学的な形が完全な球であることとは必ずしも一致しない．ここで注意しておきたいのは $I^{(i)}$ も $\omega^{(i)}$ も共に実験室系の回転によっては変化しない量であることである．実験室系の回転不変性は空間の等方性に関係していて，考えている力学系固有の性質にはよらないものである．

§1.2 剛体運動の正準形式

剛体の回転運動のみの系のラグランジュ関数は

$$L=\frac{1}{2}\sum_{r=1}^{3}I^{(r)}(\omega^{(r)})^2 \tag{2.1}$$

で与えられる．量子論にうつるにはこのラグランジュ関数から出発して正準形式に移行しなければならない．今まで三つの規格直交ベクトル $\vec{a}^{(r)}$ $(r=1,2,3)$ を用いてきたが，これは(1.4)のような条件で縛られているので，真に独立な量で $\vec{a}^{(r)}$ をあらわしておく必要があり，通常は三つのオイラー角 (θ,φ,ψ) を用いる．しかし，オイラー角の座標変換に対する変換性は一般に複雑であるので，ここでは $\vec{a}^{(r)}$ を2成分スピノル ξ_α $(\alpha=1,2)$ を用いてあらわして議論を進めることにしよう．オイラー角を用いる議論は例えば Casimir の本か Bopp-Haag の論文を参照してもらいたい (文献[6],[7]; なおオイラー角を用いる際の注意は文献[4] p. 63 参照).

回転に対してスピノルの変換性をもつ ξ_α $(\alpha=1,2)$ を考えると

$$\begin{aligned}
a_k^{(1)} &= [(\tilde{\xi}\sigma_k\xi)+\text{c.c.}]/2\rho \qquad (\text{c.c.}: \text{complex conjugate})\\
a_k^{(2)} &= [(\tilde{\xi}\sigma_k\xi)-\text{c.c.}]/2i\rho\\
a_k^{(3)} &= (\xi^*\sigma_k\xi)/\rho\\
\tilde{\xi} &= (i\sigma_2\xi)^{\mathrm{T}}, \qquad \rho=(\xi^*\xi) \qquad (\mathrm{T}: \text{transposed})\\
\sigma_1 &= \begin{pmatrix}0 & 1\\ 1 & 0\end{pmatrix}, \qquad \sigma_2=\begin{pmatrix}0 & -i\\ i & 0\end{pmatrix}, \qquad \sigma_3=\begin{pmatrix}1 & 0\\ 0 & -1\end{pmatrix}
\end{aligned} \tag{2.2}$$

として三つのベクトル $a_k^{(i)}$ を定義するとこれらは互に直交する右手系をつくる．すなわち，次の性質を自動的にみたす．

$$\begin{aligned}
&\vec{a}^{(i)}\cdot\vec{a}^{(j)}=\delta^{(ij)}\\
&\vec{a}^{(i)}\times\vec{a}^{(j)}=\vec{a}^{(k)} \qquad (i,j,k\text{ は }1,2,3\text{ の置換})
\end{aligned}$$

またξを

$$\xi=\begin{pmatrix}\xi_1\\ \\ \xi_2\end{pmatrix}=i\sqrt{\rho}\begin{pmatrix}\cos\dfrac{\theta}{2}\exp\left[-\dfrac{i}{2}(\varphi+\psi)\right]\\ \\ \sin\dfrac{\theta}{2}\exp\left[-\dfrac{i}{2}(\varphi-\psi)\right]\end{pmatrix} \tag{2.3}$$

と三つの角(θ,φ,ψ)およびρであらわすと

$$a_k^{(1)}=\begin{pmatrix}-\cos\theta\cos\varphi\cos\psi+\sin\varphi\sin\psi\\ \cos\theta\cos\varphi\sin\psi+\sin\varphi\cos\psi\\ -\sin\theta\cos\varphi\end{pmatrix}$$

$$a_k^{(2)}=\begin{pmatrix}\cos\theta\sin\varphi\cos\psi+\cos\varphi\sin\psi\\ -\cos\theta\cos\varphi\sin\psi+\cos\varphi\cos\psi\\ \sin\theta\sin\varphi\end{pmatrix}$$

$$a_k^{(3)}=\begin{pmatrix}\sin\theta\cos\psi\\ \sin\theta\sin\psi\\ \cos\theta\end{pmatrix} \tag{2.4}$$

となり，オイラー角を用いてあらわしたtriadをうる．

次に角速度$\omega^{(k)}$は

$$\begin{aligned}\omega^{(1)}&=(\dot{\xi}^*\sigma_2\xi^*-\dot{\xi}\sigma_2\xi)/\rho\\ \omega^{(2)}&=i(\dot{\xi}^*\sigma_2\xi^*+\dot{\xi}\sigma_2\xi)/\rho\\ \omega^{(3)}&=-i(\dot{\xi}^*\xi-\xi^*\dot{\xi})/\rho\end{aligned} \tag{2.5}$$

となり，これをオイラー角であらわせば

$$\begin{aligned}\omega^{(1)}&=\dot{\theta}\sin\varphi-\dot{\psi}\sin\theta\cos\varphi\\ \omega^{(2)}&=\dot{\theta}\cos\varphi+\dot{\psi}\sin\theta\sin\varphi\\ \omega^{(3)}&=\dot{\varphi}+\dot{\psi}\cos\theta\end{aligned} \tag{2.5$'$}$$

となる．すなわち，スピノルの大きさρは実は完全に消えている．しかし，以下では，これをそのまま生かしてスピノルの四つのパラメターを全部用いることにする．ラグランジュ関数はこの場合スピノルの長さを変える変換に対して不変になることは容易に想像できるであろう．

次にラグランジュ関数(2.1)の$\omega^{(r)}$に(2.5)を用いて，ξ_αに対する正準運動量π_αを次のように定める．すなわち，

$$\pi_\alpha=\frac{\partial L}{\partial\dot{\xi}_\alpha}=\sum_{k=1}^{3}\frac{\partial L}{\partial\omega^{(k)}}\frac{\partial\omega^{(k)}}{\partial\dot{\xi}_\alpha}$$

$$\pi_\alpha^*=\frac{\partial L}{\partial\dot{\xi}_\alpha^*}=\sum_{k=1}^{3}\frac{\partial L}{\partial\omega^{(k)}}\frac{\partial\omega^{(k)}}{\partial\dot{\xi}_\alpha^*} \tag{2.6}$$

とすると，(2.5)より

$$\frac{\partial\omega^{(1)}}{\partial\dot{\xi}}=\frac{-1}{\rho}(\sigma_2\xi),\qquad \frac{\partial\omega^{(1)}}{\partial\dot{\xi}^*}=\frac{1}{\rho}(\sigma_2\xi^*)$$

$$\frac{\partial\omega^{(2)}}{\partial\dot{\xi}}=\frac{i}{\rho}(\sigma_2\xi),\qquad \frac{\partial\omega^{(2)}}{\partial\dot{\xi}^*}=\frac{i}{\rho}(\sigma_2\xi^*)$$

$$\frac{\partial\omega^{(3)}}{\partial\dot{\xi}}=\frac{i}{\rho}\xi^*,\qquad \frac{\partial\omega^{(3)}}{\partial\dot{\xi}^*}=\frac{-i}{\rho}\xi$$

であるから，

$$\pi=L^{(1)}\frac{-1}{\rho}(\sigma_2\xi)+L^{(2)}\frac{i}{\rho}(\sigma_2\xi)+L^{(3)}\frac{i}{\rho}\xi^*$$

$$\pi^*=L^{(1)}\frac{1}{\rho}(\sigma_2\xi^*)+L^{(2)}\frac{i}{\rho}(\sigma_2\xi^*)+L^{(3)}\frac{-i}{\rho}\xi \tag{2.7}$$

と書ける．ただし

$$L^{(k)}=\frac{\partial L}{\partial\omega^{(k)}}\qquad (k=1,2,3) \tag{2.8}$$

これより $L^{(k)}$ を求めると，

$$L^{(1)}=\frac{1}{2}(\pi\sigma_2\xi^*-\pi^*\sigma_2\xi)$$

$$L^{(2)}=\frac{i}{2}(\pi\sigma_2\xi^*+\pi^*\sigma_2\xi)$$

$$L^{(3)}=\frac{i}{2}(\pi^*\xi^*-\pi\xi) \tag{2.9}$$

ここで (π,ξ)，(π^*,ξ^*) はそれぞれ互に正準共役な1対の変数であるので，そのポアッソン括弧は次のようになる．

$$(\pi_\alpha,\ \xi_\beta)_{\text{P.B.}}=\delta_{\alpha\beta}$$

$$(\pi_\alpha^*,\ \xi_\beta^*)_{\text{P.B.}}=\delta_{\alpha\beta} \tag{2.10}$$

これを用いると $L^{(k)}$ の間のポアッソン括弧は

$$(L^{(k)}, L^{(l)})_{\text{P.B.}} = \epsilon^{(klm)}L^{(m)} \tag{2.11}$$

となることは容易に確かめられる．すなわち

$$L^{(k)} \equiv \frac{\partial L}{\partial \omega^{(k)}}$$

は剛体固定系での角運動量になっている．

次にハミルトン関数 H は次のように与えられる．今，角速度 $\omega^{(k)}$ は $\dot{\xi}_\alpha$ および $\dot{\xi}_\alpha^*$ の 1 次関数であるから

$$\frac{\partial \omega^{(k)}}{\partial \dot{\xi}_\alpha}\dot{\xi}_\alpha + \text{c. c.} = \omega^{(k)}$$

であるので，(2.6) を用いて

$$\begin{aligned} H &= \sum_{\alpha=1}^{2}(\pi_\alpha \dot{\xi}_\alpha + \pi_\alpha^* \dot{\xi}_\alpha^*) - L \\ &= \sum_{k=1}^{3}\sum_{\alpha=1}^{2}\frac{\partial L}{\partial \omega^{(k)}}\left(\frac{\partial \omega^{(k)}}{\partial \dot{\xi}_\alpha}\dot{\xi}_\alpha + \frac{\partial \omega^{(k)}}{\partial \dot{\xi}_\alpha^*}\dot{\xi}_\alpha^*\right) - L \\ &= \sum_{k=1}^{3} L^{(k)}\omega^{(k)} - L \\ &= \sum_{k=1}^{3}\frac{1}{2I^{(k)}}(L^{(k)})^2 \end{aligned} \tag{2.12}$$

となり，予期されたハミルトン関数をうる．また，(2.7) を用いると

$$Q \equiv (\pi\xi + \xi^*\pi^*) = 0 \tag{2.13}$$

という関係が導かれる．この量 Q はスピノル ξ のスケールを変える変換

$$\xi \longrightarrow \xi' = \lambda\xi$$

の母関数になっている．(2.13) が成り立つことは先に述べたようにラグランジュ関数がこのスケール変換に対して不変であることの当然の帰結である．また，ハミルトン関数 (2.12) は Q と包合関係にあることは，Q と $L^{(k)}$ が包合関係にあること，すなわち

$$(L^{(k)}, Q)_{\text{P.B.}} = 0 \tag{2.14}$$

が成立することから明らかである．(2.13) の条件は，スピノル ξ の中の四つのパラメターのうちの一つを消去する役割をもっている．このことは後でもう少しくわしく論ずることにしよう．

さて，$L^{(k)}$ と triad $a_i^{(k)}$ のポアッソン括弧は

$$(L^{(k)}, a_i^{(l)})_{\text{P.B.}} = \epsilon^{(klm)} a_i^{(m)} \tag{2.15}$$

となる．すなわち，$L^{(k)}$ は

$$a_i^{(k)} \to a_i^{(k)} + \epsilon^{(klm)} \delta\omega^l a_i^{(m)} \tag{2.16}$$

という物体固定系における回転をひきおこす母関数になっている．この回転は物体固定系の選び方を変えることを意味する．これに対して，通常の座標系の回転の母関数は

$$L_i = -\sum_{k=1}^{3} a_i^{(k)} L^{(k)} \tag{2.17}$$

で与えられて，これがいわゆる角運動量である．角運動量 L_i と $a_i^{(k)}$ のポアッソン括弧は次のようになる．

$$\begin{aligned}(L_i, L_j)_{\text{P.B.}} &= \epsilon_{ijk} L_k \\ (L_i, a_j^{(k)})_{\text{P.B.}} &= \epsilon_{ijk} a_l^{(k)}\end{aligned} \tag{2.18}$$

また，(2.2), (2.9) および (2.17) を用いると

$$L_i = -\frac{i}{2}(\pi\sigma_i\xi - \xi^*\sigma_i\pi^*) \qquad (i=1, 2, 3) \tag{2.19}$$

となる．ここで $\sigma_i\,(i=1, 2, 3)$ は (2.2) で与えてあるパウリ行列である．

物体固定系の選び方と実験室系の選び方が独立な操作であることから，L_i と $L^{(k)}$ の間に

$$(L_i, L^{(k)})_{\text{P.B.}} = 0 \tag{2.20}$$

が成立することが期待されるが，この関係を示すことはむつかしくない．他方，この二つの量の間には (2.17) のような関係があるので，

$$\vec{L}^2 = \sum_{i=1}^{3} L_i{}^2 = \sum_{k=1}^{3} (L^{(k)})^2 \tag{2.21}$$

が成り立つ．これはいわゆる角運動量の大きさは，物体固定系の角運動量の大きさにひとしいことをあらわしていて，$L^{(k)}$ を素粒子の荷電スピンのような解釈を与えようとするとつよすぎる条件になる．

一般に剛体の回転運動は三つの互に包合関係にある独立な量をきめることによって決定される．今まで，スピノルを用いてきたので，自由度4の力学系であるが，(2.13) の条件で一つ自由度が減っていて実際は自由度は3となっている．今までみてきたことから次の三つがそのとり方である．

$$(H, \vec{L}^2, L_3) \tag{2.22}$$

この三つはすべて保存量であるという意味で便利である．剛体が，軸対称あるいは球対称というような対称性をもつ場合には

$$(\vec{L}^2, L_3, L^{(3)}) \tag{2.23}$$

の三つでもよく，この場合にはエネルギー H は角運動量の大きさ $\vec{L}^2$ と物体固定系での角運動量の第3成分 $L^{(3)}$ を用いてあらわすことができる．

§1.3　剛体の量子論

前節で述べた形式でポアッソン括弧をすべて交換関係におきかえてやれば量子論に移行できる．そしてすべての物理量は適当な演算子と解釈される．基本的な正準交換関係は

$$[\pi_\alpha, \xi_\beta] = [\pi_\alpha^*, \xi_\beta^*] = -i\delta_{\alpha\beta} \tag{3.1}$$

である．こうすれば，前節のポアッソン括弧を

$$(\quad,\quad)_{\text{P.B.}} \longrightarrow i[\quad,\quad]$$

とおきかえて量子論的関係がすべて得られる．定常状態のシュレーディンガーの方程式は，もちろん，

$$H\Psi = E\Psi \tag{3.2}$$

であるがこの他に(2.13)の $Q=0$ の関係を考えてやらなければならない．これは状態ベクトルに対する補助条件として

$$Q\Psi = 0 \tag{3.3}$$

の形で考慮することにする．これは量子電気力学における補助条件に対応する．今の場合 Q はハミルトン関数 H と可換であるので，シュレーディンガー方程式とは矛盾しない．もし，(2.3)のようにスピノル変数をオイラー角と ξ の長さ ρ であらわしておくと，Q は

$$Q = i\left(\rho\frac{\partial}{\partial\rho}+1\right) \tag{3.4}$$

となり，波動関数 Ψ は

$$\Psi = \frac{1}{\rho}\Phi(\theta, \varphi, \psi)$$

の形になる．そしてオイラー角 (θ, φ, ψ) の関数 Φ はヤコビ多項式を用いてあら

わされる[6],[7]．しかし，ここではスピノル ξ_α をそのまま用いることにする．

(π, π^*, ξ, ξ^*) の代りに，これらを用いて次のように定義される (a, a^*, b, b^*) を導入する．

$$a_\alpha = \frac{1}{\sqrt{2}}(\xi_\alpha + i\pi_\alpha^*), \qquad a_\alpha^* = \frac{1}{\sqrt{2}}(\xi_\alpha^* - i\pi_\alpha)$$

$$b_\alpha = \frac{1}{\sqrt{2}}(i\sigma_2)_{\alpha\beta}(\xi_\beta^* + i\pi_\beta), \qquad b_\alpha^* = \frac{1}{\sqrt{2}}(i\sigma_2)_{\alpha\beta}(\xi_\beta - i\pi_\beta^*) \tag{3.5}$$

これらの量の間の交換関係は正準交換関係(3.1)を用いて次のように求まる．

$$[a_\alpha, a_\beta^*] = \delta_{\alpha\beta}, \qquad [b_\alpha, b_\beta^*] = \delta_{\alpha\beta}$$

$$(\text{他の交換関係}) = 0 \tag{3.6}$$

また，ξ や π などは逆に a, b 等で次のようにあらわされる．

$$\xi_\alpha = \frac{1}{\sqrt{2}}[a_\alpha - i(\sigma_2)_{\alpha\beta}b_\beta^*], \qquad \xi_\alpha^* = \frac{1}{\sqrt{2}}[a_\alpha^* - i(\sigma_2)_{\alpha\beta}b_\beta]$$

$$\pi_\alpha = \frac{i}{\sqrt{2}}[a_\alpha^* + i(\sigma_2)_{\alpha\beta}b_\beta], \qquad \pi_\alpha^* = \frac{-i}{\sqrt{2}}[a_\alpha + i(\sigma_2)_{\alpha\beta}b_\beta^*] \tag{3.7}$$

これを用いて角運動量 $\vec{L}(L_1, L_2, L_3)$ をあらわすと次のようになる．

$$L_k = L_k^a + L_k^b \qquad (k=1, 2, 3)$$

$$L_k^a = \frac{1}{2}(a^*\sigma_k a), \qquad L_k^b = \frac{1}{2}(b^*\sigma_k b) \qquad (k=1, 2, 3) \tag{3.8}$$

この表式から (a, a^*, b, b^*) については次のような解釈が許される．すなわち，(a, a^*) および (b, b^*) はそれぞれスピン 1/2 の準粒子の生成および消滅の演算子である．剛体の回転運動はこれらの準粒子の生成によってひきおこされる．以下この2種類の準粒子を回転子と呼ぶことにしよう．回転子が一つも存在しない状態は角運動量が0の状態でエネルギー的にも最低である．そして回転子が創られると角運動量がでてくる．今の場合，2種類の回転子があるので，回転子が存在しても角運動量が0になる可能性があるようにみえるが，これについては補助条件 $Q=0$ が重要な役割をはたすことを後で示すことにしよう．

さて，L_k^a および L_k^b はそれぞれ次のような性質があることは容易に確かめられる．

$$\sum_{k=1}^{3}(L_k^a)^2 = J^a(J^a+1), \qquad J^a = \frac{1}{2}a^*a \tag{3.9a}$$

$$\sum_{k=1}^{3}(L_k^b)^2 = J^b(J^b+1), \qquad J^b = \frac{1}{2}b^*b \tag{3.9b}$$

$$L_3^a = \frac{1}{2}(a_1^*a_1 - a_2^*a_2), \qquad L_3^b = \frac{1}{2}(b_1^*b_1 - b_2^*b_2)$$

これから1種類の回転子のみが存在する場合には，回転子の数がそのまま角運動量の大きさの2倍になっていることがわかる．これを回転群の表現を論じたり，角運動量の合成法則をしらべたりするのに利用することもできる(文献[8]参照).

同じようにして，物体固定系における角運動量 $L^{(l)}$ $(l=1,2,3)$ は a, b などを用いて

$$L^{(1)} = \frac{1}{2}(a^*b+b^*a), \qquad L^{(2)} = \frac{i}{2}(a^*b-b^*a)$$

$$L^{(3)} = \frac{1}{2}(a^*a-b^*b) \tag{3.10}$$

と与えられる．このことから，物体固定系における回転は，2種類の回転子 a と b を混合せる $SU(2)$ の変換であることを示している．剛体の固有の対称性は，この2種類の回転子の役割の同等性と関係してくる．

さらに演算子 Q は

$$Q = \sqrt{2}(R+R^*)$$

$$R = \frac{1}{\sqrt{2}}(b^{\mathrm{T}}\sigma_2 a), \qquad R^* = \frac{1}{\sqrt{2}}(a^*\sigma_2 b^{*\mathrm{T}}) \tag{3.11}$$

と書かれ，R^* と R は a と b の回転子の singlet の組合せでつくられる状態をつくったり消したりする演算子である．R と R^* の間には

$$[R, R^*] = 1+\frac{1}{2}(a^*a+b^*b) \tag{3.12}$$

の交換関係が成立する．これを用いて全角運動量は

$$\sum_{k=1}^{3}L_k^2 = J(J+1)-2R^*R$$

$$J=J_a+J_b=\frac{1}{2}(a^*a+b^*b) \tag{3.13}$$

と与えられる.

さて，状態ベクトルは4個の量子数 $n_1^a=a_1^*a_1$, $n_2^a=a_2^*a_2$, $n_1^b=b_1^*b_1$, $n_2^b=b_2^*b_2$ を指定すればきまるはずであるが，これらは必ずしも保存しないので

$$(Q=0,\quad \vec{L}^2,\quad L_3,\quad L^{(3)})$$

の四つを指定することにしよう. $L^{(3)}$ は軸対称性がない場合には保存しないが，この固有ベクトルの1次結合を用いて容易にハミルトン演算子 H の固有ベクトルをつくることができる.

角運動量の大きさが j_0 で回転子の励起総数が $2j_0$ 個である状態を考えよう. また L_3 の固有値を $m(-j_0<m<j_0)$, $L^{(3)}$ の固有値を μ として，この状態を $|j_0, m, \mu\rangle$ と書くことにすれば

$$\vec{L}^2|j_0\,m\,\mu\rangle=[J(J+1)-2R^*R]|j_0\,m\,\mu\rangle=j_0(j_0+1)|j_0\,m\,\mu\rangle \tag{3.14a}$$

$$L_3|j_0\,m\,\mu\rangle=\frac{1}{2}(a_1^*a_1-a_2^*a_2+b_1^*b_1-b_2^*b_2)|j_0\,m\,\mu\rangle=m|j_0\,m\,\mu\rangle \tag{3.14b}$$

$$L^{(3)}|j_0\,m\,\mu\rangle=\frac{1}{2}(a^*a-b^*b)|j_0\,m\,\mu\rangle=\mu|j_0\,m\,\mu\rangle \tag{3.14c}$$

であり，(3.13)およびはじめの仮定により

$$J|j_0\,m\,\mu\rangle=\frac{1}{2}(a^*a+b^*b)|j_0\,m\,\mu\rangle=j_0|j_0\,m\,\mu\rangle \tag{3.15}$$

となる. はじめの仮定より，考えている状態は励起された回転子の数を定めた時にとりうる最大の角運動量をもつので，この場合 a と b の回転子が互に反対称に組み合されて singlet の状態を形成することはないから

$$R|j_0\,m\,\mu\rangle=0 \tag{3.16}$$

をみたしている. しかし，これは

$$Q|\rangle=\sqrt{2}(R+R^*)|\rangle=0$$

の補助条件をみたさない. 演算子 R および R^* は容易に確かめられるように L_k および $L^{(l)}$ と可換であるので，励起子の総数を指定しなければ，

$$\sum_{n=0}^{\infty}\tilde{C}_n(R^*)^n|j_0\,m\,\mu\rangle\equiv\sum_{n=0}^{\infty}\tilde{C}_n(R^*)^n|\Phi_{j_0}\rangle \tag{3.17}$$

は角運動量 j_0, L_3 および $L^{(3)}$ がそれぞれ m および μ の状態である．そこで $\tilde{C}_n$ を補助条件をみたすようにきめてみよう．(3.12)より

$$[R, R^*] = 1+J, \qquad J = \frac{1}{2}(a^*a+b^*b) \tag{3.12'}$$

であるので

$$\begin{aligned}[R, (R^*)^n] &= R(R^*)^n - (R^*)^n R \\ &= [R, R^*](R^*)^{n-1} + R^*[R, (R^*)^{n-1}] \\ &= (1+J)(R^*)^{n-1} + R^*[R, (R^*)^{n-1}]\end{aligned} \tag{3.18}$$

である．また

$$[J, R^*] = R^*, \qquad [J, (R^*)^n] = n(R^*)^n \tag{3.19}$$

を用いると(3.18)は次のようになる．

$$\begin{aligned}[R, (R^*)^n] &= n(R^*)^{n-1} + (R^*)^{n-1}J + R^*[R, (R^*)^{n-1}] \\ &= (R^*)^{n-1}(n+J) + R^*[R, (R^*)^{n-1}]\end{aligned} \tag{3.20}$$

この第2項に再びこの式を用い順次に R^* の低いベキのものと R の交換関係にして最後に (3.12′) を用いることにより次の関係を求めることができる．

$$[R, (R^*)^n] = (R^*)^{n-1}\frac{1}{2}n(n+1+2J) \tag{3.21}$$

したがって，

$$\begin{aligned}[R, e^{\alpha R^*}] &= \sum_{n=0}^{\infty} \frac{\alpha^n}{n!}[R, (R^*)^n] \\ &= \sum_{n=0}^{\infty} \frac{\alpha^n}{n!}(R^*)^{n-1}\frac{1}{2}n[n-1+2(J+1)] \\ &= \sum_{n=2}^{\infty} \frac{\alpha^n}{(n-2)!}\frac{1}{2}(R^*)^{n-1} + \sum_{n=1}^{\infty} \frac{\alpha^n}{(n-1)!}(R^*)^{n-1}(J+1) \\ &= \frac{1}{2}\alpha^2 R^* e^{\alpha R^*} + \alpha e^{\alpha R^*}(J+1)\end{aligned} \tag{3.22}$$

が成り立つので，

$$e^{-\alpha R^*}Re^{\alpha R^*} = R + \frac{\alpha^2}{2}R^* + \alpha(J+1) \tag{3.23}$$

となる．今 $\alpha = i\sqrt{2}$ ととると

$$e^{-i\sqrt{2}R^*}(R+R^*)e^{i\sqrt{2}R^*} = R + i\sqrt{2}(J+1) \tag{3.24}$$

となり，これを用いて Q の固有値が一般に λ になる状態を求めることができる．この状態を $|\lambda, j_0\rangle$ と書くと

$$e^{-i\sqrt{2}R^*}Qe^{i\sqrt{2}R^*}e^{-i\sqrt{2}R^*}|\lambda, j_0\rangle = \lambda e^{-i\sqrt{2}R^*}|\lambda, j_0\rangle$$

より

$$e^{-i\sqrt{2}R^*}|\lambda, j_0\rangle = \sum_{n=0}^{\infty}\tilde{C}_n(R^*)^n|\Phi_{j_0}\rangle$$

とおくと

$$\sum_{n=0}^{\infty}\tilde{C}_n[R(R^*)^n+i\sqrt{2}(J+1)(R^*)^n]|\Phi_{j_0}\rangle = \frac{1}{\sqrt{2}}\lambda\sum_{n=0}^{\infty}\tilde{C}_n(R^*)^n|\Phi_{j_0}\rangle \tag{3.25}$$

となる．ここで(3.19)と(3.21)を用いると係数 $\tilde{C}_n$ に対し次の関係を得る．

$$\tilde{C}_{n+1}\left[\frac{1}{2}n(n+1)+j_0+1\right] = \frac{1}{\sqrt{2}}[\lambda-2i(n+j_0+1)]\tilde{C}_n \tag{3.26}$$

を得てこれをといて

$$\tilde{C}_n(\lambda) = \prod_{k=1}^{n}\frac{\lambda-2i(k+j_0)}{k(k-1)+2(j_0+1)}2^{n/2}\tilde{C}_0(\lambda) = C_n(\lambda)\cdot\tilde{C}_0(\lambda), \quad C_0(\lambda) = 1 \tag{3.27}$$

となる．$\tilde{C}_0(\lambda)$ はベクトルの規格化条件で定める．したがって

$$|\lambda, j_0\rangle = \tilde{C}_0(\lambda)e^{i\sqrt{2}R^*}\sum_{n=0}^{\infty}C_n(\lambda)(R^*)^n|\Phi_{j_0}\rangle \tag{3.28}$$

として固有ベクトルが求まる．しかし，Q の固有値 λ は連続スペクトルであるので*)，$\tilde{C}_0(\lambda)$ は

$$\langle\lambda, j_0|\lambda', j_0\rangle = \delta(\lambda-\lambda') \tag{3.29}$$

となるように定めてやる．この規格化を実際行うのは，ここで行った方法では複雑であり，後の議論に必ずしも必要でないのでこれ以上立ち入らないことにする．

---

*) (3.4)より $Q=i\left(\rho\frac{\partial}{\partial\rho}+1\right)$ であるから，

$$Q\Psi = \lambda\Psi$$

の解は λ を real として次のようになる．

$$\Psi = \rho^{-1+i\lambda\Phi}$$

これより Q は連続スペクトルをもつことは明らかである．

以上のことから，$Q=0$ の補助条件をみたす状態ベクトルは普通のヒルベルト空間の要素ではなくなり，形式的に計算すれば，そのノルムは無限大になる．したがってヒルベルト空間のベクトルの内積をすぐに用いるわけにはいかなくなり，何らかの工夫を必要とする．このことは量子電気力学でローレンツ条件をみたす状態が規格化できなくて，そのノルムが発散する事情と全く同じである．量子電気力学では，ローレンツ条件をゆるめて，期待値の形で成り立つようになっていればよいとし，不定計量の線型空間を用いるグプタ (Gupta) の方法が有効であった．ここでは，このことを念頭において処方を定めていこう．

Q がハミルトン関数 H と可換であるのみではなく，R および R^* がそれぞれ H と可換であるので補助条件

$$Q|\rangle=0$$

を

$$\langle|Q|\rangle=\sqrt{2}\,\langle|R+R^*|\rangle=0 \tag{3.30}$$

にゆるめて考え，状態ベクトルに対する制限としては

$$R|\rangle=0 \tag{3.31}$$

をおくことができる．これは量子電気力学でローレンツ条件をその正振動数部分についてのみ考えて

$$(\partial_\mu A^\mu)^{(+)}|\rangle=0$$

とおくグプタ形式と同じ処方である．このようにすれば剛体回転の状態空間は

$$\left\{|j_0, m, \mu\rangle : j_0=0, \frac{1}{2}, \cdots,\ \ -j_0<m<j_0,\ \ -j_0<\mu<j_0\right\} \tag{3.32}$$

を基底ベクトルとするヒルベルト空間になる．(3.31)の条件は，R の定義から二つの回転子 a と b が互に反対称な対をつくることを禁止する条件となっている．具体的な基底ベクトルの構成は

$$\mu=n_a-n_b, \qquad 2j_0=n_a+n_b$$

であるから

$$\begin{aligned} n_a &= j_0+\mu=2j_a \\ n_b &= j_0-\mu=2j_b \end{aligned} \tag{3.33}$$

とおいて，a および b の回転子からつくられる状態をそれぞれ $|j_a, m_a\rangle$ および $|j_b, m_b\rangle$ とすると

$$|j, m, \mu\rangle = \sum_{m_a, m_b} C(j_0 = j_a + j_b,\ \ m = m_a + m_b;\ j_a, j_b, m_a, m_b) \cdot |j_a, m_a\rangle \cdot |j_b, m_b\rangle \tag{3.34}$$

となる．ここで

$C(j_0, m;\ j_a, j_b, m_a, m_b)$ は回転群のクレブシュ-ゴルダン係数

$$|j_a, m_a\rangle = \frac{1}{\sqrt{(j_a+m_a)!(j_a-m_a)!}}(a_1^*)^{j_a+m_a}(a_2^*)^{j_a-m_a}|0\rangle$$

$$|j_b, m_b\rangle = \frac{1}{\sqrt{(j_b+m_b)!(j_b-m_b)!}}(b_1^*)^{j_b+m_b}(b_2^*)^{j_b-m_b}|0\rangle \tag{3.35}$$

である．

§1.4　弾性球の運動 I [10]

物体の理想化を質点から剛体までゆるめると，重心の並進運動のほかに，回転の自由度をとりだすことができた．剛体からさらに微小変形をゆるす弾性球まで理想化の段階をゆるめるとどうなるだろうか．今考えているのは物体の基準状態(平衡状態)からの変化が充分小さいと考えて，全体としての物体の様子は基準状態における物体の剛体的運動が支配的であると考える．いま物体が基準状態にあったとして，その物体上の1点Pの実験室系における座標を(x_k)とする．また基準状態で物体と共に運動する座標系を考えて，剛体の場合と同じく，物体固定系と呼ぶことにして，その基準ベクトルを

$$\vec{a}_k = (a_k^{(i)};\ i=1,2,3) \tag{4.1}$$

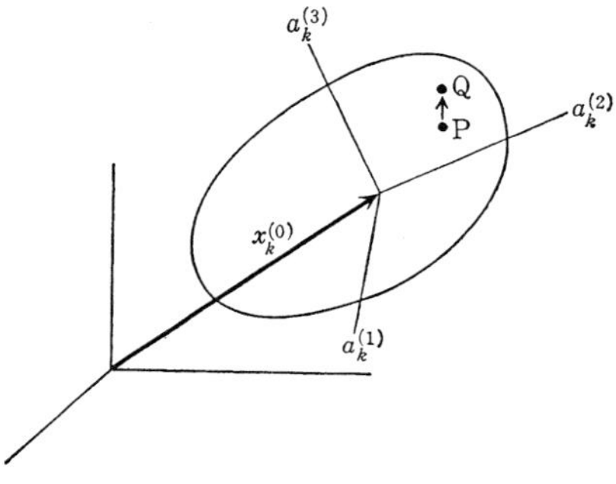

図 1.3

とすると

$$x_k = x_k^{(0)} + \vec{a}_k \cdot \vec{y} \tag{4.2}$$

となる．以下この章では物体固定系の成分に対してベクトル記号をしばしば用いることにする．(4.2) で $x_k^{(0)}$ は物体固定系の原点の座標 (実験室系における) であり，$\vec{a}_k \cdot \vec{y} = \sum_{i=1}^{3} a_k^{(i)} y^{(i)}$ の意味である．$y^{(i)}$ は点 P の物体固定系における座標であり，点 P の固有の名前と考えてよい．点 P が点 Q に移動したとして物体の変形を考え，物体固定系でみてこの変位を $\vec{u}$ とする．Q の実験室系における座標を X_k とすると

$$X_k = x_k^{(0)} + \vec{a}_k (\vec{y} + \vec{u}) \tag{4.3}$$

である．$\vec{u}$ が一般の場合は次節にゆずり，u が $y^{(i)}$ の 1 次関数であるとした場合を考える．すなわち，

$$u^{(i)} = \sum_{j=1}^{3} A^{(ij)} y^{(j)} \tag{4.4}$$

と仮定してみよう．さらに $A^{(ij)}$ は対称行列であると仮定する．このことは一般に 3×3 行列は $D\cdot S$ ($DD^{\mathrm{T}}=1$, $S=S^{\mathrm{T}}$) と書けるが，直交行列 D は物体固定系の直交変換に取り入れてしまえるからである．また，平衡点への復原力としてはフックの法則を仮定すれば，ポテンシャル・エネルギー V は，物体が等方的であるとして

$$V = \frac{1}{2}\lambda\, \mathrm{Tr}\, A^2 + \frac{\mu}{2}(\mathrm{Tr}\, A)^2 \tag{4.5}$$

の形になる．また運動エネルギーは

$$\begin{aligned} T &= \frac{M}{2}\left(\frac{dx_k^{(0)}}{dt}\right)^2 + \frac{I}{2}\mathrm{Tr}\left(\frac{dF}{dt}\frac{dF^{\mathrm{T}}}{dt}\right) \\ F_k^{(i)} &= a_k^{(j)}(\delta^{(ij)} + A^{(ij)}) \end{aligned} \tag{4.6}$$

の形になる．ここで $x_k^{(0)}$ を重心として

$$\int d^3y \rho(y) y^{(i)} = 0$$

とした．こうすると剛体の自由度 $\vec{a}_k$ のほかに対称行列 A であらわされる振動モードが 6 個導入される．そのうちの一つ $\mathrm{Tr}\, A$ は体積変化を与え，残り 5 個が球から長円への変形を与えるものであり，原子核の Bohr-Mottelson 模型に

おける Y_2 変形に対応する [9]. ただし, 原子核の場合には, 出発点が完全流体であるために, 系の剛体的回転は入ってこない. 今の場合には振動部分は完全に Y_2 変形のモデルと同じになるが, その他に回転と振動の相関を与えるエネルギーが生ずる. (4.5) と (4.6) を用いて正準形式を展開すればこれらの事情は明らかになるが, 次節でより一般的な場合を論ずるので, 省略する.

このようにして振動モードを導入すれば, 素粒子の内部自由度にこれらの振動モードを対応づける可能性は飛躍的にふえることになる. 次節では, 一般の弾性波が励起される場合を考えてみよう.

§1.5　弾性球の運動 II

前節では変位ベクトル $u^{(i)}$ を (4.4) と仮定したが, ここでは $u^{(i)}$ は $y^{(i)}$ の関数として与えられる場合を考えてみよう. まず, 物体の歪みテンソル (strain tensor) $S^{(ij)}$ を, 物体固定系で, 次のように与える.

$$S^{(ij)}=\frac{1}{2}\left[\frac{\partial u^{(i)}}{\partial y^{(j)}}+\frac{\partial u^{(j)}}{\partial y^{(i)}}\right] \tag{5.1}$$

また, 応力テンソル (stress tensor) を $P^{(ij)}$ として, 一様な媒質の歪みと応力の関係は

$$P^{(ij)}=\mu S^{(kk)}\delta^{(ij)}+2\lambda S^{(ij)} \tag{5.2}$$

と与えられる. ここで λ, μ はラメ (Lamé) 定数とよばれる弾性定数であり, $\frac{1}{3}(3\lambda+2\mu)$ は体積変化の強さを与えるものである. (5.2) の歪みと応力の関係からポテンシャル・エネルギーは

$$V=\int d^3y\left\{\lambda \operatorname{Tr}(S^2)+\frac{1}{2}\mu(\operatorname{Tr} S)^2\right\} \tag{5.3}$$

と与えられる.

次に運動エネルギーを考えよう. (4.3) より物体上の各点の速度は

$$\frac{dX_k}{dt}=\frac{dx_k^{(0)}}{dt}+\frac{d\vec{a}_k}{dt}(\vec{y}+\vec{u})+\vec{a}_k\frac{\partial\vec{u}}{\partial t}$$

で与えられる*). ここで,

---

*) 前節と異なり, ベクトル記号は物体固定系について用いる. 実験室系のベクトル成分は添字をつけている.

$$\frac{d\vec{a}_k}{dt}=\vec{\omega}\times\vec{a}_k \qquad \left(\vec{\omega}=\vec{a}_k\times\frac{d\vec{a}_k}{dt}\right) \tag{5.4}$$

で全体としての物体固定系における角速度を定義すると

$$\frac{dX_k}{dt}=\frac{dx_k^{(0)}}{dt}+\vec{a}_k\left[\frac{\partial\vec{u}}{\partial t}+\vec{\omega}\times\vec{u}+\vec{\omega}\times\vec{y}\right] \tag{5.5}$$

となる．前節と同じように $x_k^{(0)}$ を重心座標とすると次の二つの条件が存在する．

$$\int d^3y\vec{y}=0, \qquad \int d^3y\vec{u}(y,t)=0 \tag{5.6}$$

もし質量密度が一様でなければ d^3y を $\rho(y)d^3y$ におきかえればよい(以下一様な場合を考えることにする)．また，後で述べる理由により，次の条件をおくことにする．

$$\int d^3y\vec{y}\times\vec{u}=0 \tag{5.7}$$

(5.6), (5.7) の条件から，運動エネルギー T は

$$\begin{aligned}T&=\frac{1}{2}\rho_0\int d^3y\left(\frac{dX_k}{dt}\right)^2=\frac{1}{2}M\left(\frac{dx_k^{(0)}}{dt}\right)^2+\frac{\rho_0}{2}\int d^3y\left[\frac{\partial\vec{u}}{\partial t}+\vec{\omega}\times\vec{u}+\vec{\omega}\times\vec{y}\right]^2\\&=\frac{1}{2}M\left(\frac{dx_k^{(0)}}{dt}\right)^2+\frac{1}{2}\rho_0\int d^3y\left[\frac{\partial\vec{u}}{\partial t}+\vec{\omega}\times\vec{u}\right]^2\\&\qquad+\frac{1}{2}\rho_0\int d^3y\{(\vec{\omega}\times\vec{y})^2+2(\vec{\omega}\times\vec{u})\cdot(\vec{\omega}\times\vec{y})\}\end{aligned} \tag{5.8}$$

となる．ここで ρ_0 は質量密度，M は全質量である．

系のラグランジュ関数は (5.3) と (5.8) を用いて

$$L=T-V \tag{5.9}$$

で与えられるので，作用積分の変分からオイラーの方程式を導くことができる．変位ベクトル $\vec{u}$ に対する方程式は

$$\rho_0\left(\frac{D^2}{Dt^2}\right)^{(ij)}u^{(j)}+\rho_0\vec{\omega}^2y^{(j)}-\rho_0(\vec{\omega}\vec{y})\omega^{(i)}=\frac{\partial P^{(ij)}}{\partial y^{(j)}} \tag{5.10}$$

となる．ここで

$$\left(\frac{D}{Dt}\right)^{(ij)}=\left(\frac{\partial}{\partial t}\delta^{(ij)}+\epsilon^{ilj}\omega^{(l)}\right) \tag{5.11}$$

とした．また，境界条件は，変分原理より，物体の表面で

$$n^{(i)}P^{(ij)} \equiv \mu S^{(ll)}n^{(j)}+2\lambda n^{(i)}S^{(ij)} = 0 \tag{5.12}$$

$\vec{n} = (n^{(i)};\ i=1,2,3)$　物体表面の法線ベクトル

と与えられる．同様にして，物体固定系の単位ベクトル $\vec{a}_k$ の運動方程式も与えられるが，以下の議論に直接関係がないので省略する（三つのオイラー角を用いて変分を行えばよい）．

(5.12)の境界条件は物体表面が自由であることをあらわしている．そして変位ベクトル $\vec{u}$ はつねにこの条件をみたさねばならないので，$\vec{u}$ を次のような方程式の固有関数の一次結合で考えるのが便利である．

$$\lambda u^{(i)} = \frac{\partial P^{(ij)}}{\partial y^{(j)}}$$

$$n^{(j)}P^{(ij)} = 0 \qquad \text{on } S\ (S\text{：物体表面}) \tag{5.13}$$

ただし，$P^{(ij)}$ は(5.1), (5.2)より $u^{(i)}$ であらわされている．このようにすると(5.6)の重心の条件は

$$\lambda\int d^3y u^{(i)} = \int d^3y\frac{\partial P^{(ij)}}{\partial y^{(j)}} = \int dSn^{(j)}P^{(ij)} = 0$$

と満足されることがわかる．また，(5.7)の条件は

$$\begin{aligned}\lambda\int d^3y\epsilon^{(ijl)}y^{(j)}u^{(l)} &= \int d^3y\epsilon^{(ijl)}y^{(j)}\frac{\partial P^{(lk)}}{\partial y^{(k)}}\\ &= \int d^3y\frac{\partial}{\partial y^{(k)}}[\epsilon^{(ijl)}y^{(j)}P^{(lk)}]-\int d^3y\epsilon^{(ikl)}P^{(lk)}\\ &= \int dS\epsilon^{(ijl)}y^{(l)}n^{(k)}P^{(lk)} = 0\end{aligned}$$

と境界条件(5.12)と応力テンソル $P^{(ij)}$ の対称性から導かれる．

次に(5.9)のラグランジュ関数を出発点にして，正準形式にうつることにする．変位ベクトル $\vec{u}(y)$ の正準運動量 $\vec{\pi}(y)$ は

$$\vec{\pi}(y) = \frac{\delta L}{\delta\left(\dfrac{\partial\vec{u}(y)}{\partial t}\right)} = \rho_0\left(\frac{\partial\vec{u}}{\partial t}+\vec{\omega}\times\vec{u}\right) \tag{5.14}$$

で与えられる．また，物体固定系でみた角運動量は剛体の場合と同様に

$$L^{(i)} = \frac{\partial L}{\partial\omega^{(i)}} = I^{(ij)}\omega^{(j)}-\epsilon^{(ijk)}\int\pi^{(j)}u^{(k)}d^3y \tag{5.15}$$

と与えられる．ここで

$$I^{(ij)}=\rho_0\int d^3y[\delta^{(ij)}\{\vec{y}^2+2(\vec{u}\vec{y})+\vec{u}^2\}-(y^{(i)}y^{(j)}+u^{(i)}y^{(j)}+y^{(i)}u^{(j)}+u^{(i)}u^{(j)})] \tag{5.16}$$

であり，物体の変形によって，慣性テンソルが変化することをあらわしている．しかし，この変化が充分小さいとすれば，物体固定系を物体の基準状態における慣性主軸の方向にとることによって

$$\begin{aligned} I^{(ij)} &= \delta^{(ij)}I^{(i)} \qquad (i \text{ については和をとらない}) \\ &= \rho_0\int d^3y[\delta^{(ij)}\vec{y}^2-y^{(i)}y^{(j)}] \end{aligned} \tag{5.17}$$

となる．したがって，(5.15)は

$$I^{(i)}\omega^{(i)}=L^{(i)}+\int d^3y[\vec{\pi}\times\vec{u}]^{(i)} \tag{5.18}$$

となる．ハミルトン関数は

$$\begin{aligned} H &= \int d^3y\vec{\pi}\frac{\partial\vec{u}}{\partial t}+\vec{L}\vec{\omega}-L \\ &= \int d^3y\left[\frac{1}{2\rho_0}\vec{\pi}^2+\lambda\,\mathrm{Tr}\,(S^2)+\frac{1}{2}\mu(\mathrm{Tr}\,S)^2\right] \\ &\qquad +\frac{1}{2}\sum_{i=1}^{3}\frac{1}{I^{(i)}}\left(L^{(i)}+\int d^3y\epsilon^{(ijk)}\pi^{(j)}u^{(k)}\right)^2 \end{aligned} \tag{5.19}$$

となる．もし，物体が球形の場合は $I^{(1)}=I^{(2)}=I^{(3)}=I$ である．また，変形による慣性テンソルの変化をも考慮するならば $1/I^{(i)}$ を $I^{(ij)}$ の逆行列にとっておけばよいが，この場合 $I^{(ij)}$ は $\vec{u}$ の関数になり，定数ではなくなる．

(5.19)で球形の場合には

$$H=\int d^3y\left[\frac{1}{2\rho_0}\vec{\pi}^2+\lambda\,\mathrm{Tr}\,(S^2)+\frac{1}{2}\mu(\mathrm{Tr}\,S)^2\right]+\frac{1}{2I}\left(\vec{L}+\int d^3y\vec{\pi}\times\vec{u}\right)^2 \tag{5.20}$$

である．この場合，弾性波の角運動量(物体固定系における)は

$$\vec{T}=\int d^3y\left[\sum_{i=1}^{3}\pi^{(i)}\vec{y}\times\vec{\nabla}u^{(i)}+\vec{\pi}\times\vec{u}\right] \tag{5.21}$$

であるので，物体固定系での全角運動量 $\vec{T}+\vec{L}$ は保存量になるが，これは系のスピンではない．系のスピンは，実験室系における角運動量で

$$S_k = \vec{a}_k \cdot \vec{L} \tag{5.22}$$

で与えられる．そして

$$\sum_{k=1}^{3} S_k{}^2 = \vec{L}^2 \tag{5.23}$$

である．S_kはもちろん保存量である．したがって，(5.20)では互に包合関係にある保存量として

$$\sum_k S_k{}^2,\quad S_3,\quad (\vec{T}+\vec{L})^2,\quad T^{(3)}+L^{(3)}$$

が存在する．

(5.19)または(5.20)の第1項は弾性波のエネルギーであるが，第2項は弾性波と全角運動量の結合をあらわし，剛体的回転のエネルギーの部分を与えている．物体が回転をして全角運動量が生ずると弾性波が励起され，この項をできるだけ小さくする．逆に弾性波が励起されるとこの項が小さくなるように回転が生じて，全角運動量が定まる．これは物体が回転するとコリオリ力や遠心力が生じ，物体がこれにより変形する事情に相当しているものと考えられる．この項は，剛体に近い変形する物体を考えた場合に必ず出てくる項で，一般に振動と回転の結合が存在することをあらわす．しかし，完全流体のような剛体的回転が存在しない場合には，このような項はあらわれない．

第2章　拡がりをもつ対象の相対論的理論

素粒子の模型としての拡がりをもつ模型に剛体模型を出発点にしたものがある．現在では剛体的な自由度のみでは不充分であるためにあまり顧みられないが，剛体から変形を許す弾性体まで拡張すればかなり多くの自由度が導入できるので，適当な理想化を行えば検討に値する模型が得られる．他方，湯川により熱心に検討されはじめた非局所場の理論は，拡がりをもつ対象を時空間の数個の点で代表し，それらの点は何らかの作用により全体としては一緒に運動するような力学系としてとらえることができる．非局所場の場合には，各点がある程度は自由に動くことができるとする模型が考えやすく，はじめから変形を許すものが想定できる．もちろん，剛体的条件を付け加えることも不可能ではない．

この章では，剛体的な模型を出発点にする point-like な系について述べる．ついで，非局所場を何個かの点からなる力学系とみなす立場から考えてみる．剛体的模型では相互作用の導入が困難であるが，非局所場の理論の場合には後の章で述べる string model と同じように，相互作用を導入するのに便利であり，quark(クォーク)模型との関係もみやすい．

§2.1　Point-like な系

拡がりをもつ物体の運動を相対論的に記述することは一般にはかなり複雑な過程を経なければならない．また直観的には簡単な系でも，結果としてその形式が複雑になってしまうことが多い．例えば，非相対論的には容易に取り扱えた剛体も，相対論的に拡張する場合には作用の伝達が光速を超えてはならないという概念的な困難のほかに，回転する物体上の各点が一般に異なる速さで運動するために，異なる割合でローレンツ短縮がおこり，結果としてはかなり複雑な形式になる．そのため，理論を展開することが容易ではない．

非相対論的剛体は，物体の運動のうちから，並進運動の自由度のほかに全体としての回転の自由度をとりだすという理想化であった．したがって，その自由な運動だけを考えるかぎりは，その物体の形や大きさは理論形式の表面にでてくることはなく，三つの慣性主軸のまわりの慣性能率が与えられれば，回転運動を論ずることができた．その意味で概念的には拡がりをもつ物体ではあるが，具体的な定式化の中では拡がりを表面にだす必要はない．すなわち，重心座標のほかに，三つのオイラー角またはそれを用いてあらわされる triad を一般化座標として付け加えた力学系とみなしてやれば，このような自由度をもつ質点として記述できる．拡がりをもつ物体の運動の相対論的形式を考える場合，このような側面を利用していくことは有効である．

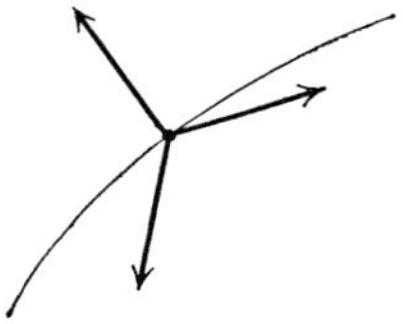

図 2.1

剛体運動を1点(重心)に固定された回転する triad が付随していて，triad の回転の仕方でエネルギーが異なるような運動だとすれば，これを四次元的に拡張して考えることはそれほどむつかしくない．剛体の場合，物体の orientation の時々刻々の変化を記述するために triad を考えたとすれば，この物体を四次元的時空の存在とみなして，この triad を三つの互に直交する空間的ベクトルであるとし，これらに直交する時間的ベクトルを導入することができる．この四つの互に直交する規格化されたベクトルの組を tetrad と呼び $a_\mu^{(\alpha)}$ $(\alpha=0,1,2,3)$ と書くことにしよう．こうすれば，

$$a_\mu^{(\alpha)}a^{(\beta)\mu}=g^{(\alpha\beta)}\quad(1,-1,-1,-1)$$
$$a_\mu^{(\alpha)}a_\nu^{(\beta)}g_{(\alpha\beta)}=g_{\mu\nu}\quad(1,-1,-1,-1)\qquad(1.1)$$

である．ここでミンコフスキー空間の計量は$(+1,-1,-1,-1)$ととっている．すなわち空間的ベクトルは長さが負になるようにとる．このようにすれば，時間的ベクトルに適当な物理的解釈をすることにして，剛体運動の相対論的形式を得ることができる．さらに物体の変形の自由度を導入する場合には，tetrad を物体の全体としての運動をあらわすものとして，この tetrad に乗った座標

系で変形を考えれば，一般に変形に相当する自由度をローレンツ不変な形で導入することも可能である．このように，いろいろな自由度をもつ点の運動を考えれば，拡がりをもつ物体の孤立系としての運動をあらわすことができる．このような力学系を T. Takabayasi に従って **point-like な力学系**と呼ぶことにしよう(文献[11]参照)．

一般に，物体が拡がりをもつ場合，全体としての並進運動の他にさまざまな自由度が生ずるが，その孤立した運動を考える限りは point-like な系として理想化される．したがって，point-like な系という考えは，きわめて広い範囲の力学系を含んでいるようにみえる．

例として，系の代表点 x^μ(重心と呼んでもいいかもしれないが，相対論的に重心を定義する仕方は一通りではないので，適当な点を選んで系の所在をあらわすものとし，それを代表点と呼ぶことにする)のほかに，tetrad の自由度 $a_\mu^{(\alpha)}$ だけをもつ場合を考えてみよう．今この tetrad の運動をあらわすラグランジュ関数が与えられたとすれば，それは

$$\mathcal{L} = \mathcal{L}_0(a_\mu^{(\alpha)}, \dot{a}_\mu^{(\alpha)}) + \frac{1}{2}\lambda^{(\alpha\beta)}(a_\mu^{(\alpha)}a^{(\beta)\mu} - g^{(\alpha\beta)}) \tag{1.2}$$

となる．ここでドット(·)は時間(固有時)微分をあらわし，最後の項は(1.1)の条件をみたすために付け加えた項である．もし $a_\mu^{(\alpha)}$ が 6 個の独立なパラメターを用いてあらわされているならば，この項は必要がない．なお，時間微分については次の節でくわしく論ずることにするのでさしあたりは固有時ということにしておく．問題は非相対論的な場合にはなかった時間的ベクトル $a_\mu^{(0)}$ の解釈である．これを例えば代表点 x^μ の速度ととることもできよう．この場合にはラグランジュの未定係数項として

$$p_\mu\left(\frac{dx^\mu}{d\tau} - a^{(0)\mu}\right) \tag{1.3}$$

という項をさらに付け加えることになる．そうすれば，この p_μ は代表点 x^μ の正準共役な運動量になる．そのほかの部分については，例えば，非相対論的な場合の形式的拡張として

$$\mathcal{L}_0 = \frac{I_0}{2}\sum_{i=1}^{3}(\dot{a}^{(i)}\cdot\dot{a}^{(i)}) \qquad [(a\cdot b) = a_\mu b^\mu] \tag{1.4}$$

ととれば球対称な回転体に対応するものを得ることができる．一般には

$$\mathcal{L}_0 = \frac{1}{2}\sum_{i=1}^{3} I^{(i)}(\dot{a}^{(i)}\cdot\dot{a}^{(i)}) \tag{1.5}$$

が剛体回転の一つの相対論的拡張を与えると考えることができる．

§2.2　時間発展を記述するパラメター

力学系の状態の変化の順序づけのパラメターとして時間を考えると，非相対論的理論においては，時間は特別な意味をもってくる．一様な時間は順序づけのパラメターとして空間座標とは全く異質なものであり，孤立系においてはいつでも順序づけのパラメターとして一様な時間をとることができる．そして，これがエネルギーの保存法則を与えてくれることはよく知られている．

しかし，相対論では，時間は一方では状態の変化の順序づけのパラメターであると同時に，他方では，ローレンツ変換によって空間と密接に関係している．したがって，相対論的な理論形式を求める場合，時間の順序づけのパラメターとしての性質を前面にだして，それを特別扱いするよりは，時間・空間の同質性を重視して，完全に共変な形で理論を定式化する方が間違いを少なくし，無用な混乱を避ける上で有用である．また，量子論への移行も共変な形の方が容易に行うことができる．しかし，共変形で理論を組み立てていく場合，時間のもっている順序づけのパラメターとしての特殊性は，四次元時空間のミンコフスキー空間としての性質の中から間接的にとりだすことになる．すなわち，ミンコフスキー空間では，ある事象(event)を中心に考えた場合，その事象と同時的な(前後関係をつけられない)事象の存在する部分として空間的領域(space-like region)，その事象より前に生じた事象の存在する過去時間的領域(past time-like region)と，その事象より後に生起する事象の存在する未来時間的領域(future time-like region)の三つの部分がある．このことから，時間の特殊性が導かれる．したがって，相対論的理論においても，時間は，空間と異なり，系の状態の順序づけのパラメターとしての意味をもっている．むしろ，一様な時間のもつ意味が，一様な空間との関連において，相対論においてはじめて明らかになったということもできるだろう．

さて時間と空間の同等性に重点をおいて共変な理論形式を組み立てていく場

合，力学系の状態の発展の順序をきめるパラメターにどのような意味を与えるかが問題になる．普通は，ある点事象を考えた場合，その時空間の座標を x^μ $((t,\vec{x})$, 光速 $c=1$ ととる)として，この点事象の固有時 τ をもちいる．これは

$$d\tau=\sqrt{dx_\mu dx^\mu} \tag{2.1}$$

の積分として与えられる．この固有時は，事象の速度 $\vec{v}=d\vec{x}/dt$ がゼロの時に時間に一致するローレンツ不変な量である．質点の場合，運動量と速度の間には直接的な関係があり，速度がゼロであることは同時に運動量がゼロであることを意味する．したがって，静止系における時間が固有時であるといっても何の混乱も生じない．しかし，一般に，複雑なジグザグ運動をするいわゆるspinning particleの理論やディラック電子の場合には，運動量は速度とは別の独立な量として登場するので，静止系の定義をより正確にしておかなければならない．一般には，速度がゼロの系を静止系とするよりは，運動量がゼロの系を静止系とする方が合理的である．特に考えている系が拡がりをもつ場合，系の代表点のとり方に一義性がないことから，どの点が静止していると考えるかで静止系が変ってしまうようでは不都合である．しかし，系全体のエネルギー・運動量は四元ベクトルとして一意的に定義できるので，運動量ゼロの系は一意的に定めることができる．また運動量は代表点の選び方によらずに普通は比較的簡単な形で定義されるので実際上も便利である．もちろん，代表点の物理的意味づけのはっきりしている場合は(2.1)で定められる固有時の有用性がなくなることはない．

運動量ゼロの系を静止系ととるとき(これを運動量静止系と呼ぶ)，固有時 τ はその系で時間に一致するものとみなせば，

$$d\tau=p_\mu dx^\mu/\sqrt{p_\mu p^\mu} \tag{2.2}$$

の積分として与えられる．さらに，もし一般にある時間的四元ベクトル q_μ が存在する場合に，物理的意味をもつ順序づけのパラメターとして

$$d\tau=q_\mu dx^\mu/\sqrt{q_\mu q^\mu} \tag{2.3}$$

の積分を用いることができる．これは，この四元ベクトル q_μ の空間成分がゼロになる系で時間と一致するようなものである．

いずれにせよ，固有時はミンコフスキー空間の時間軸と特別な関係をもっているので，この関係を保ちながら時間と空間を同等に取り扱っていく必要があ

る．そのためには(2.2)〜(2.3)のどれかを直接用いるよりは間接的にこの関係を用いた方がよい．例として質点の場合をとりあげて説明しよう．

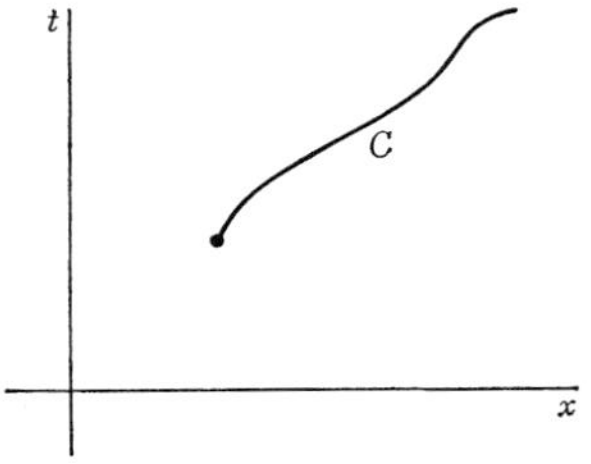

図 2.2

質点の運動状態は四次元時空の中の一つの曲線としてあらわされる．この曲線 C は

$$x_i = x_i(t) \qquad (i=1,2,3) \tag{2.4}$$

と空間座標を時間の関数としてあたえることによってあらわされる．しかし，これは曲線 C の一つの表現方法であり，しかも時間が特別扱いされている．ここで曲線のパラメトリックな表わし方をすれば，同じ曲線 C を次のように時間・空間を平等に取り扱って表現できる．すなわち

$$x_\mu = x_\mu(s) \qquad (\mu=0,1,2,3) \tag{2.5}$$

ここで s は適当にえらばれたパラメターである．(2.5)で $x^0=t=t(s)$ を逆にといて $s=s(t)$ として座標の空間成分の式に代入すれば(2.5)は(2.4)にもどる．したがって(2.5)は(2.4)と同じ内容をもつことは明らかであるが，時間と空間の取扱いは平等になっている．しかし，パラメター s のとり方は一般に任意である．例えば s の代りに $s'=s'(s)$ のような他のパラメターをとってもよい．このように，順序づけのパラメターの撰択に大きな任意性があるが，それは曲線 C の性質には何の影響もおよぼさない．したがって，共変形式で理論を定式化するにあたって，順序づけのパラメターは時間ではなく任意のパラメター s をとる必要があるが，理論形式はこのパラメター s のとり方には依存しないという不変性をもたねばならない．この不変性は量子化の結果として波動方程式(双曲型の方程式)を与えるものである．

§2.3 Point-like な系のラグランジュ形式と正準形式[12]

前節で述べたことを一般的な定式化の中でもう少し具体的にみることにしよう．考える力学系は孤立系であるとする．したがって，力学系の存在している場所をあらわす座標 x^μ のほかに，系の内部運動をあらわす量 Q^α があるとする．x^μ は系の適当な代表点の座標であり，Q^α には tetrad の変数も含まれている．系の固有時は (2.1)～(2.3) の適当なものをとることにする．Q^α の時間変化率はこの固有時に関する微分で与えられる．すなわち

$$\dot{Q}^\alpha = \frac{dQ^\alpha}{d\tau} \tag{3.1}$$

が物理的に意味のつけられる変化率である．これは任意のパラメター s を用いると

$$\dot{Q}^\alpha = \frac{dQ^\alpha}{d\tau} = \frac{1}{\left(\dfrac{d\tau}{ds}\right)}\frac{dQ^\alpha}{ds} \tag{3.2}$$

となる．

x^μ は座標原点の平行移動に対して

$$x^\mu \rightarrow x^\mu + \varepsilon^\mu \tag{3.3}$$

となるが，Q^α はこの並進変換に対しては不変で，斉次ローレンツ変換に対しては一定の変換法則に従う量であるとする．すなわちローレンツ変換に対して

$$\begin{aligned} Q^\alpha &\rightarrow Q^{\alpha\prime} = Q^\alpha + \delta Q^\alpha \\ \delta Q^\alpha &= \delta\omega_{\mu\nu} S^{\mu\nu:\alpha}{}_\beta Q^\beta \end{aligned} \tag{3.4}$$

と変化する．$S^{\mu\nu:\alpha}{}_\beta$ はある定った量であり，一般には Q^α の関数である．（テンソル，スピノル以外の量，例えばオイラー角を用いる場合，S は定数の行列ではなくなる．）

ラグランジュ関数 $\mathcal{L}$ は Q^α と $\dot{Q}^\alpha$ の関数で与えられているとすれば，作用積分は

$$I = \int_{\tau_1}^{\tau_2} d\tau \mathcal{L}(Q^\alpha, \dot{Q}^\alpha) = \int_{s_1}^{s_2} ds \frac{d\tau}{ds} \mathcal{L}(Q^\alpha, \dot{Q}^\alpha) \tag{3.5}$$

のようになり，これはパラメター s の変換

$$s \rightarrow s' = s'(s) \tag{3.6}$$

に対して不変である．(3.5) を用い変分原理から次のようなオイラーの方程式を得る．

$$-\frac{d}{ds}\left[\frac{\partial\left(\frac{d\tau}{ds}\mathcal{L}\right)}{\partial\left(\frac{dx^\mu}{ds}\right)}\right]=0$$

$$-\frac{d}{ds}\left[\frac{\partial\left(\frac{d\tau}{ds}\mathcal{L}\right)}{\partial\left(\frac{dQ^\alpha}{ds}\right)}\right]+\frac{\partial\left(\frac{d\tau}{ds}\mathcal{L}\right)}{\partial Q^\alpha}=0 \tag{3.7}$$

これは $\frac{d\tau}{ds}\mathcal{L}$ をラグランジュ関数とした場合の普通のオイラー方程式にほかならない．

考えている系が相対論の要請をみたしていれば，(3.5) の作用積分は非斉次ローレンツ変換(ポアンカレ変換)に対して不変である．このことから次のようにして10個の保存量が得られる．

(3.5) の I は

$$x^\mu \rightarrow x^\mu+\varepsilon^\mu+\varepsilon^\mu{}_\nu x^\nu = x^\mu+\delta x^\mu$$
$$Q^\alpha \rightarrow Q^\alpha+\varepsilon_{\mu\nu}S^{\mu\nu:\alpha}{}_\beta Q^\beta = Q^\alpha+\delta Q^\alpha \tag{3.8}$$

のような変化に対して，次のように変化する．

$$\delta I=\int ds\left[\frac{\partial\left(\frac{d\tau}{ds}\mathcal{L}\right)}{\partial\left(\frac{dx^\mu}{ds}\right)}\delta\left(\frac{dx^\mu}{ds}\right)+\frac{\partial\left(\frac{d\tau}{ds}\mathcal{L}\right)}{\partial\left(\frac{dQ^\alpha}{ds}\right)}\delta\left(\frac{dQ^\alpha}{ds}\right)+\frac{\partial\left(\frac{d\tau}{ds}\mathcal{L}\right)}{\partial Q^\alpha}\delta Q^\alpha\right]$$

オイラーの方程式(3.7)を用いるとこれは次のようになる．

$$\delta I=\int_{s_1}^{s_2}ds\left\{\frac{d}{ds}\left[\frac{\partial\left(\frac{d\tau}{ds}\mathcal{L}\right)}{\partial\left(\frac{dx^\mu}{ds}\right)}\delta x^\mu\right]+\frac{d}{ds}\left[\frac{\partial\left(\frac{d\tau}{ds}\mathcal{L}\right)}{\partial\left(\frac{dQ^\alpha}{ds}\right)}\delta Q^\alpha\right]\right\}$$
$$=\varepsilon^\mu[P_\mu(s_2)-P_\mu(s_1)]+\varepsilon^{\mu\nu}[M_{\mu\nu}(s_2)-M_{\mu\nu}(s_1)] \tag{3.9}$$

ここで P_μ, $M_{\mu\nu}$ は次のように与えられている．

$$P_\mu=\frac{\partial\left(\frac{d\tau}{ds}\mathcal{L}\right)}{\partial\left(\frac{dx^\mu}{ds}\right)} \tag{3.10}$$

$$M_{\mu\nu}=P_\mu x_\nu-P_\nu x_\mu+\pi_\alpha S_{\mu\nu}{}^{:\alpha}{}_\beta Q^\beta \tag{3.11}$$

$$\pi_\alpha = \frac{\partial\left(\dfrac{d\tau}{ds}\mathcal{L}\right)}{\partial\left(\dfrac{dQ^\alpha}{ds}\right)} \tag{3.12}$$

作用積分 I が(3.8)の変換に対して不変であれば(3.9)はゼロであり，$\varepsilon^\mu, \varepsilon^{\mu\nu}$ は任意の無限小量であるから，(3.10), (3.11)で定義される P_μ と $M_{\mu\nu}$ は s によらない一定値である．すなわち

$$\frac{dP_\mu}{ds} = 0, \qquad \frac{dM_{\mu\nu}}{ds} = 0 \tag{3.13}$$

である．

次に正準形式で考える．x^μ と Q^α に対応する正準運動量はそれぞれ(3.10)と(3.12)で定義された P_μ と π_α である．したがって保存量 P_μ と $M_{\mu\nu}$ はすべて正準変数で書かれていて，導出の過程から明らかなように，ポアンカレ変換の母関数になっている．

正準運動量 P_μ と π_α についてもう少し調べてみよう．$\dfrac{d\tau}{ds}$ は $\dot{Q}^\alpha$ を含んでいないから(3.2)と(3.12)より

$$\pi_\alpha = \frac{\partial\mathcal{L}}{\partial\dot{Q}^\alpha} \tag{3.14}$$

となり，Q^α と $\dot{Q}^\alpha$ の関数として与えられる．したがって，これを逆にといて $\dot{Q}^\alpha$ は Q^α と π_α の関数として与えられることがわかる．

P_μ は次のようになる．

$$P_\mu = \frac{\partial\left(\dfrac{d\tau}{ds}\right)}{\partial\left(\dfrac{dx^\mu}{ds}\right)}\left[\mathcal{L} - \frac{\partial\mathcal{L}}{\partial\dot{Q}^\alpha}\dot{Q}^\alpha\right] \tag{3.15}$$

ここで，(2.1)～(2.3)の定義より

$$\frac{\partial\left(\dfrac{d\tau}{ds}\right)}{\partial\left(\dfrac{dx^\mu}{ds}\right)}\cdot\frac{\partial\left(\dfrac{d\tau}{ds}\right)}{\partial\left(\dfrac{dx_\mu}{ds}\right)} = 1 \tag{3.16}$$

であるから，(3.15)より

$$P_\mu P^\mu - M^2 = 0 \tag{3.17}$$

$$M = -\pi_\alpha\dot{Q}^\alpha + \mathcal{L} \tag{3.18}$$

をうる．M は π_α と Q^α のみの関数であるとみなせるから，(3.17)は正準変数の間に成り立つ関係(制限条件)である．すなわち，この条件を用いて P_μ, π_α, Q^α のうちの一つを他の変数の関数として書きあらわされる．例えば，P_0 を(3.17)を用いて

$$P_0{}^2 = \vec{P}^2 + M^2$$

とすれば，時間 $x_0=t$ の並進の母関数 P_0 が $\vec{P}$ と Q^α, π_α を用いてあらわされ，P_0 が普通の意味のハミルトン関数になる．(3.17)の条件は作用積分が順序づけのパラメター s によらないということから導かれるものである．前節で述べたように，時間・空間を平等に取り扱ってきたが，順序づけのパラメターの取り方の任意性を残しておくことによって，時間のもつ特殊性を(3.17)の条件の形で表現することができる．

パラメター s の選び方の任意性は量子電気力学におけるゲージ変換に対する不変性と類似のものである．電気力学では，ゲージ不変性は二つの条件 $\pi_0=0$ と $\mathrm{div}\ \vec{\pi}=0$ (π_μ はベクトル・ポテンシャル A_μ の正準運動量) を与え，量子論にうつった場合には，状態ベクトルに対する制限条件として

$$\pi_0 \Psi = 0$$
$$\mathrm{div}\ \vec{\pi} \Psi = 0$$

のように取り扱われる．そしてこの二つの条件によって縦波とスカラーの光子の自由度があらわれないようになる．(3.17)の条件も量子論では波動関数に対する条件とみなせば

$$(P_\mu P^\mu - M^2)\Psi = 0 \tag{3.19}$$

とおくことになり，クライン・ゴルドン型の波動方程式を与える．

§2.4 Bi-local 場の力学的模型 I

非局所場の理論として Yukawa により提唱された具体的な理論は波動関数が時空間内の二つの点の関数とみなさねばならないもので，bi-local 場と呼ばれている．Yukawa の非局所場の導入は，その初期にはクライン・ゴルドン方程式に相反的な関係を設定する形でなされた．しかし，その後，Born による相反性をはずし，より一般的な形で bi-local 場の理論を考察し，現実的な質量スペクトルを念頭におき調和振動子模型を提唱している．その後 Takabayasi

は multi-local 場に一般化した議論を展開している．Takabayasi の議論にはその背後に遠隔作用をしている数個の質点系の相対論的力学があり，その量子化により multi-local 場の方程式を導くという考えがみられる．ここではこの考えに従って，拡がりをもつ対象の相対論的理論の最も簡単な例として bi-local 場の力学的模型を考えてみることにする [13].

bi-local 場の調和振動子模型は，近年，レッジェ(Regge) 軌跡に関連して注目されているのみならず，クォーク模型的な考えでの中間子の模型としても注目されている [14]. 素粒子の模型として bi-local 場を考える場合，ハドロンの間の相互作用(interactive force) と二つの基本粒子を結びつけて全体として一つのものとしての一体性を保持している力 (constructive force) を区別して考えておく必要があるだろう．以下の議論はもっぱら constructive force のみを考えるわけで，interactive force については，ハドロン間の相互作用をいかにして導入するかを論ずる際に問題になる．

この節ではまず通常よく用いられる形の bi-local 場の方程式を導き，その問題点を指摘することにする．はじめに 1 個の質点の場合について考えてみよう．質量 m の質点のラグランジュ関数は

$$\mathcal{L} = -m\sqrt{\frac{dx^\mu}{d\tau}\frac{dx_\mu}{d\tau}} \tag{4.1}$$

で与えられ，作用積分

$$I = \int d\tau \mathcal{L}$$

はパラメター τ の一般変換 $\tau \to \tau' = \tau'(\tau)$ に対して不変である．この場合 x^μ の正準共役運動量 p_u は

$$p_\mu = -m\frac{1}{\sqrt{\left(\dfrac{dx}{d\tau}\right)^2}}\frac{dx_\mu}{d\tau} \tag{4.2}$$

で与えられ，

$$p_\mu p^\mu - m^2 = 0 \tag{4.3}$$

の補助条件が成立する．(4.3) は量子論におけるクライン・ゴルドンの波動方程式を与える．

次に二つの質点が互に力をおよぼし合っているとしよう．その場合各質点のもつエネルギー(静止質量)が，二つの質点の相対的な位置に依存しているとするのは，因果律を別にすれば不自然ではないであろう．そこで，ラグランジュ関数を次のように仮定しよう．

$$\mathcal{L} = -\kappa^{(1)}\sqrt{dx^{(1)}_\mu dx^{(1)\mu}} - \kappa^{(2)}\sqrt{dx^{(2)}_\mu dx^{(2)\mu}} \tag{4.4}$$

そして，$x^{(1)}$ および $x^{(2)}$ は順序づけのパラメター τ *) の関数とみなし，与えられた τ でこの2点は互いに空間的な位置にあるとする．また，$\kappa^{(1)}$ および $\kappa^{(2)}$ は $(x^{(1)}-x^{(2)})^2$ の関数であるとする．こうすれば，作用積分

$$I = \int d\tau \mathcal{L}$$

は $\tau \to \tau' = \tau'(\tau)$ の変換に対して不変であり，$x^{(1)}$ および $x^{(2)}$ の共役運動量は次のように与えられる．

$$p^{(1)}_\mu = \frac{\partial \mathcal{L}}{\partial\left(\dfrac{dx^{(1)\mu}}{d\tau}\right)} = -\frac{\kappa^{(1)}}{\sqrt{\left(\dfrac{dx^{(1)}}{d\tau}\right)^2}}\frac{dx^{(1)}_\mu}{d\tau}$$

$$p^{(2)}_\mu = \frac{\partial \mathcal{L}}{\partial\left(\dfrac{dx^{(2)\mu}}{d\tau}\right)} = -\frac{\kappa^{(2)}}{\sqrt{\left(\dfrac{dx^{(2)}}{d\tau}\right)^2}}\frac{dx^{(2)}_\mu}{d\tau} \tag{4.5}$$

(4.5)より次の補助条件が容易に導かれる．

$$p^{(1)}_\mu p^{(1)\mu} - (\kappa^{(1)})^2 = 0$$

$$p^{(2)}_\mu p^{(2)\mu} - (\kappa^{(2)})^2 = 0 \tag{4.6}$$

ここで二つの質点の座標 $x^{(1)}, x^{(2)}$ を重心と相対座標に書きなおす．

$$X^\mu = \varepsilon^{(1)} x^{(1)\mu} + \varepsilon^{(2)} x^{(2)\mu}$$

$$x^\mu = x^{(1)\mu} - x^{(2)\mu} \tag{4.7}$$

$$\varepsilon^{(1)} + \varepsilon^{(2)} = 1, \qquad \varepsilon^{(i)} \geq 0 \quad (i=1,2)$$

これに対する正準共役運動量は

$$P_\mu = p^{(1)}_\mu + p^{(2)}_\mu$$

$$p_\mu = \varepsilon^{(2)} p^{(1)}_\mu - \varepsilon^{(1)} p^{(2)}_\mu \tag{4.8}$$

となる．(4.7), (4.8)を用いて

---

*)　§2, §3 では τ を固有時としたが以下では単なる順序づけの任意のパラメターとして τ を用いる．

$$x^{(1)\mu} = X^\mu + \varepsilon^{(2)} x^\mu$$
$$x^{(2)\mu} = X^\mu - \varepsilon^{(1)} x^\mu$$
$$p_\mu^{(1)} = \varepsilon^{(1)} P_\mu + p_\mu$$
$$p_\mu^{(2)} = \varepsilon^{(2)} P_\mu - p_\mu \tag{4.9}$$

を得る．$\kappa^{(1)}, \kappa^{(2)}$は 1 および 2 の粒子の入れ換えに対する対称性を考慮して次のように仮定しよう．

$$\kappa^{(1)} = \varepsilon^{(1)}\kappa(x), \qquad \kappa^{(2)} = \varepsilon^{(2)}\kappa(x) \tag{4.10}$$

(4.9) の $p^{(1)}, p^{(2)}$ と (4.10) の $\kappa^{(1)}, \kappa^{(2)}$ を (4.6) の条件に代入し，(4.6) の第 1 式に $\varepsilon^{(2)}$ を，第 2 式に $\varepsilon^{(1)}$ をかけて加え合せると

$$\varepsilon^{(1)}\varepsilon^{(2)} P^2 + p^2 - \varepsilon^{(1)}\varepsilon^{(2)}\kappa^2 = 0 \tag{4.11}$$

を得る．また第 1 式と (4.11) を用いると

$$2P_\mu p^\mu + \frac{\varepsilon^{(1)} - \varepsilon^{(2)}}{\varepsilon^{(1)}\varepsilon^{(2)}} p^2 = 0 \tag{4.12}$$

を得る．すなわち，(4.6) の補助条件は

$$P^2 + \left[\frac{1}{\varepsilon^{(1)}\varepsilon^{(2)}} p^2 - \kappa^2\right] = 0$$
$$P_\mu p^\mu + \frac{\varepsilon^{(1)} - \varepsilon^{(2)}}{2\varepsilon^{(1)}\varepsilon^{(2)}} p^2 = 0 \tag{4.13}$$

となり，このような力学系の質量 M は

$$M^2 = -\left[\frac{1}{\varepsilon^{(1)}\varepsilon^{(2)}} p^2 - \kappa^2\right] \tag{4.14}$$

で与えられることになる．以下簡単のため $\varepsilon^{(1)} = \varepsilon^{(2)} = 1/2$ の場合を考える．このとき (4.13) の第 2 の条件は，2 粒子の相対時間を消す条件になっている．このことは系の静止系 ($\vec{P} = 0$) にうつって考えれば

$$P_0 p_0 = 0$$

となることから明らかである．しかし，(4.13) の二つの条件は，ポアッソン括弧をとることにより (量子論では交換関係をとる) さらに次の条件を与える．

$$P_\mu x^\mu = 0 \tag{4.15}$$

さらに (4.15) と (4.13) より

$$P_\mu P^\mu = 0 \tag{4.16}$$

となり，質量ゼロの運動しか許されなくなる．したがって，(4. 13)の条件をそのまま量子論にうつすのは極めて困難である*)．そこで以下のような方法がとられる．いま$\kappa(x)$として

$$\kappa^2(x) = \kappa_0{}^2 - \kappa_1{}^2 x^2 \tag{4.17}$$

と調和振動子型ポテンシャルを仮定しよう．質量演算子M^2は(4. 14)より，

$$M^2 = \kappa_0{}^2 + 4\vec{p}^2 + \kappa_1{}^2 \vec{x}^2 - 4p_0{}^2 - \kappa_1{}^2 x_0{}^2 \tag{4.18}$$

[$(p_\mu)=(p_0, \vec{p})$と三次元的記号を用いる.]

となる．ここで調和振動子の生成・消滅演算子を次のように導入する．なおポアッソン括弧の代りに量子論的な交換関係を用いることにしよう．基本的な交換関係は

$$[p_0, x_0] = i, \qquad [p_i, x_j] = -i\delta_{ij} \qquad (i, j=1, 2, 3) \tag{4.19}$$

である．そこで，

$$p_\mu = -i\sqrt{\frac{\omega_0}{2}}(a_\mu - a_\mu^*)$$

$$x_\mu = \sqrt{\frac{1}{2\omega_0}}(a_\mu - a_\mu^*), \qquad \omega_0 = \frac{1}{2}\kappa_1 \tag{4.20}$$

とおくと

$$M^2 = \kappa_0{}^2 + 4\kappa_1(\vec{a}^*\vec{a} - a_0^* a_0) + 2\kappa_1 \tag{4.21}$$

となる．ここで，(4. 19)より導かれる

$$[a_\mu, a_\nu^*] = -g_{\mu\nu} \tag{4.22}$$

の交換関係を用いた．(4. 21)を用いて，量子論における波動方程式は(4. 13)の第1の条件より，

$$[P_\mu P^\mu - M^2]|\Psi\rangle = 0 \tag{4.23}$$

とおくことは自然である．しかし，(4. 13)の第2の条件は先に述べたようにそのままでは具合が悪いので，少なくとも次の期待値の意味で成立するとしよう．すなわち

$$\langle P_\mu p^\mu \rangle = 0 \tag{4.24}$$

---

*)　(4. 12), (4. 15)より相対時間を消去して，制限条件が自動的にみたされるようにして考えればよい．しかし，その時あらわれる独立な変数は簡単なローレンツ変換性をもたない．しかも質量が虚数の場合も生ずる([16]のKamimuraの論文参照)．

この条件は，今の場合，次のいずれかが成立すればよい．すなわち

$$P^\mu a_\mu^* |\Psi\rangle = 0 \tag{4.25a}$$

$$P^\mu a_\mu |\Psi\rangle = 0 \tag{4.25b}$$

(4.25)の a を用いるか b を用いるかは相対時間の自由度の取扱いできまる．もし波動関数の基底状態を

$$a_\mu |0\rangle = 0 \tag{4.26}$$

で定義することにすれば，a_0, a_0^* はその交換関係が(4.22)のように生成および消滅の役割が逆になっているにもかかわらず，a_0 を消滅，a_0^* を生成演算子とみなすことになる．したがって，この場合には

$$|n_0\rangle \equiv \frac{1}{\sqrt{n_0!}}(a_0^*)^{n_0}|0\rangle \tag{4.27}$$

のノルムは

$$\langle n_0|n_0\rangle = (-1)^{n_0} \tag{4.28}$$

となり，いわゆる不定計量の状態空間を用いることになる．その代り，$-a_0^* a_0$ の固有値は正になり，M^2 の固有値はしたがって正であるため，P_μの固有値は常に時間的であることが波動方程式(4.23)から保障される．さらに基底状態(4.26)はローレンツ変換で変らない状態である．(4.28)のような不定計量を用いることから想像できるように，この場合には状態関数はローレンツ群の非ユニタリーな有限次元表現の直積空間で与えられる．実際，$N=-\sum_{\mu=0}^{3} a_\mu^* a_\mu$ はローレンツ不変な量で，この固有値で分類した場合

$$a_{\mu_1}^* a_{\mu_2}^* \cdots a_{\mu_N}^* |0\rangle$$

は N 階の対称テンソルである.（ただし，既約テンソルにするには縮約をしてゼロとするの条件をつけねばならない.）(4.25)の条件はこの場合(4.25b)を用いなければならない．静止系をとった場合これは

$$P_0 a_0 |\psi\rangle = 0$$

となり，第0成分の振動子の励起を抑える条件になっていることがわかる．これはしたがって負ノルムの状態を物理的な波動関数の中から除外する条件である．

次に，(4.25a)を用いる場合について考えてみる．$a_0 a_0^*$ を

$$a_0 = b_0^*, \qquad a_0^* = b_0 \tag{4.29}$$

とおき，b_0, b_0^* をそれぞれ消滅・生成演算子とみることにする．したがって，P_μ が時間的な場合には(4.25a)は静止系で

$$P_0 b_0 |\phi\rangle = 0$$

となり，時間成分の振動子の励起をおさえる条件になる．また P_μ が空間的な場合は $P_0=0$ の系をとってみるとわかるように

$$\vec{P}\vec{a}^* |\phi\rangle = 0$$

となり，規格化できる状態が存在しないので，空間的な P_μ の固有状態は存在しないことになる．$P_\mu P^\mu=0$ の場合は補助条件からだけでは除外されない．質量ゼロを除外するには質量演算子

$$M^2 = \kappa_0{}^2 - 2\kappa_1 + 4\kappa_1(\vec{a}^*\vec{a}a - b_0^* b_0) \tag{4.30}$$

の固有値に0のが含まれないようにパラメター(κ_0, κ_1)を選ばねばならない．

いま時間的な四元運動量 P_μ の場合について考えてみる．静止系$(\vec{P}=0)$では相対時間の励起はおさえられているから，その場合の最低のエネルギー状態は

$$a|0\rangle = 0$$
$$b_0|0\rangle = 0 \tag{4.31}$$

である．この基底状態は，しかし，ローレンツ変換によって不変ではない．これは $\vec{a}$ と $a_0^*=b_0$ が同じテンソルの変換性を示さないことからくる．例えば，第3軸方向のローレンツ変換の生成子は

$$K_3 = i(b_0 a_3 - b_0^* a_3^*)$$

となり，明らかに励起子の個数を変えてしまう．$\vec{P}=0$ の静止系から $\vec{P}$ の運動量をもつ系にローレンツ変換したときに，基底状態 $|0\rangle$ は

$$|\phi_0\rangle = \left(\frac{m}{P_0}\right)\exp\left[b_0^*\frac{\vec{P}}{P_0}\vec{a}^*\right]|0\rangle, \qquad P_0 = \sqrt{\vec{P}^2+m^2} \tag{4.32}$$

になる．これは(4.25a)の条件をみたす状態ベクトルが

$$|\phi\rangle = C\exp\left[b_0^*\frac{\vec{P}}{P_0}\vec{a}^*\right]|\phi\rangle, \qquad b_0|\phi\rangle = 0, \qquad C=\text{const.} \tag{4.33}$$

であることから容易に得られる．静止系で(4.31)の状態は明らかにスピンがゼロの状態であるが，(4.32)よりわかるように，その波動関数の独立成分は無数に多い．すなわち $|0\rangle$ と $(b_0^* a^*)^n|0\rangle$ の成分はローレンツ変換によって互に混り合う．これは後で述べるように，波動関数がローレンツ群のユニタリー表現に

なっているためで，数学的には先に述べた不定計量ノルムを用いた場合と本質的に異なる．ユニタリー表現は量子力学の標準的な処方を用いた場合に波動関数はヒルベルト空間の要素であることから自然に導かれるものである．ここでは，ローレンツ群のユニタリー表現で無限次元表現が登場してきたことを注意しておくにとどめよう．

§2.5 Bi-local 場の力学的模型 II

前節では bi-local 場の現在よく用いられている形式について述べた．この形式を用いて現象論的分析も行われている [15]．最近，bi-local 場の力学的模型の検討がくわしく行われていて，その量子論についていくつかの定式化が提案されている．古典論から量子論への移行は対応論的処方に従うが，最も標準的には正準形式の形を保ちながら物理量を演算子とみなしていく方法である．そして正準変数の間に成立する時間微分を含まない関係は補助条件として許される状態を制限する条件とみなされる．前節の(4.13)の二つの関係がそれである．しかし，この二つの関係は代数的に閉じないで，新しく(4.15)を導き(4.13)と(4.15)はさらに(4.16)を導いてこれで全体としての代数関係は閉じる．しかし，(4.16)はすでに述べたように質量ゼロの状態しか許さないので，厳密にこれらの条件をとらないで，(4.13)の第2の条件を期待値の形で考えて，古典論からは直接は導かれない非エルミットな制限条件(4.25)でおきかえたわけである．この事情は最近の多くの論文においても改善されていない [16]．この節では，古典論から導かれる補助条件を用いて代数的に閉じた系を作るような定式化について述べることにしよう．

前節のラグランジュ関数(4.4)をおいたときに，二つの点 $x^{(1)}, x^{(2)}$ は与えられた τ のもとで互に空間的に位置していると述べた．しかし，ラグランジュ関数を設定した際に，このことを特徴づけることをあらわに式の中であらわしてはいない．今このことをあらわすために，$x^{(1)}_\mu, x^{(2)}_\mu$ を次のようにおいてみよう．

$$x^{(1)}_\mu = a_\mu(\tau) + \sum_{r=1}^{3} b^r_\mu(\tau) u^{(1),r}(\tau)$$

$$x^{(2)}_\mu = a_\mu(\tau) + \sum_{r=1}^{3} b^r_\mu(\tau) u^{(2),r}(\tau) \tag{5.1}$$

ここで b^r_μ は互に直交する空間的ベクトルである．すなわち

$$b^r_\mu b^{s,\mu} = -\delta^{rs} \tag{5.2}$$

この2点はたしかに点 a_μ を含み (b^r_μ) で定められる空間的超平面内にある．次に，$(b^r_\mu)=\vec{b}_\mu$ と書き，$\vec{b}_\mu$ の時間変化は次の形であると仮定しよう．

$$\frac{d\vec{b}^\mu}{d\tau} = \vec{\omega}\times\vec{b}^\mu \tag{5.3}$$

これは $\dfrac{d\vec{b}_\mu}{d\tau}$ は時間的ベクトルの成分を含まないことを要請すると同時に，角速度 $\vec{\omega}$ の定義を与えている式である．(5.1)を τ で微分して(5.3)を用いると $(u^r)\equiv\vec{u}$ として

$$\begin{aligned}\frac{dx^{(1)}_\mu}{d\tau} &= \frac{da_\mu}{d\tau}-\vec{b}_\mu\cdot\left(\frac{d\vec{u}^{(1)}}{d\tau}-\vec{\omega}\times\vec{u}^{(1)}\right)\\ \frac{dx^{(2)}_\mu}{d\tau} &= \frac{da_\mu}{d\tau}-\vec{b}_\mu\cdot\left(\frac{d\vec{u}^{(2)}}{d\tau}-\vec{\omega}\times\vec{u}^{(2)}\right)\end{aligned} \tag{5.4}$$

さらに $\dfrac{da^\mu}{d\tau}$ は $\vec{b}_\mu$ と直交する時間的ベクトル b^μ_0 に比例していると仮定しよう．すなわち，

$$\begin{aligned}&\frac{da^\mu}{d\tau}\propto b^\mu_0\\ &b^\mu_0\vec{b}_\mu = 0\end{aligned} \tag{5.5}$$

とおくと

$$\frac{dx^{(i)}_\mu}{d\tau}\frac{dx^{(i)\mu}}{d\tau} = \left(\frac{da_\mu}{d\tau}\frac{da^\mu}{d\tau}\right)-\left(\frac{d\vec{u}^{(i)}}{d\tau}-\vec{\omega}\times\vec{u}^{(i)}\right)^2 \qquad (i=1,2) \tag{5.6}$$

となる．さらに a^μ はこの二つの点の幾何学的な重心の座標であるとすれば

$$a^\mu = \frac{1}{2}(x^{(1)\mu}+x^{(2)\mu})$$

より

$$\begin{aligned}&\vec{u}^{(1)}+\vec{u}^{(2)} = 0\\ &\vec{u}^{(1)} = -\vec{u}^{(2)} = \vec{u}\end{aligned} \tag{5.7}$$

となる．ここで前節と同じようにラグランジュ関数 $\mathcal{L}$ を

$$\mathcal{L} = -\left[\kappa^{(1)}\sqrt{\left(\frac{dx^{(1)}}{d\tau}\right)^2}+\kappa^{(2)}\sqrt{\left(\frac{dx^{(2)}}{d\tau}\right)^2}\right] \tag{5.8}$$

とすれば(5.6), (5.7)より

$$\mathcal{L} = -\kappa\sqrt{\left(\frac{da^\mu}{d\tau}\right)^2-\left(\frac{d\vec{u}}{d\tau}-\vec{\omega}\times\vec{u}\right)^2} = -\kappa\sqrt{g_{00}}$$

$$\kappa = \kappa^{(1)}+\kappa^{(2)} = \kappa(\vec{u}^2) \tag{5.9}$$

となる．ここで a^μ の正準共役運動量 P_μ を求めると

$$P_\mu = \frac{\partial\mathcal{L}}{\partial\left(\frac{da^\mu}{d\tau}\right)} = -\frac{\kappa}{\sqrt{g_{00}}}\frac{da_\mu}{d\tau}$$

となる．これに(5.5)の仮定を用いれば，

$$P_\mu\vec{b}^\mu = 0 \tag{5.10}$$

をうる．しかし，(5.5)の仮定は(5.9)のラグランジュ関数の中には陽に含まれていないので(5.10)は(5.9)を出発点とする形式では(5.5)を考慮に入れてあらためて要求することになる．(5.10)が自動的に導かれるためには，(5.9)を次のように変更しておくとよい．すなわち

$$\mathcal{L} = -\kappa\sqrt{\left(\frac{da}{d\tau}\right)^2+\left(\vec{b}_\mu\frac{da^\mu}{d\tau}\right)^2-\left(\frac{d\vec{u}}{d\tau}-\vec{\omega}\times\vec{u}\right)^2} = -\kappa\sqrt{g_{00}} \tag{5.11}$$

これは(5.5)の仮定を次の形で用いることを意味する．

$$\frac{da^\mu}{d\tau} = b_0^\mu\left(b_0^\nu\frac{da_\nu}{d\tau}\right) \tag{5.12}$$

こうすれば，

$$b_0^\mu b_0^\nu-\vec{b}^\mu\cdot\vec{b}^\nu = g^{\mu\nu} \tag{5.13}$$

より(5.9)のラグランジュ関数は(5.11)と書きなおせる．そこで，われわれは(5.11)のラグランジュ関数を与えられたものとして理論を組み立てていくことにしよう．a^μ の共役運動量は

$$P_\mu = \frac{\partial\mathcal{L}}{\partial\left(\frac{da^\mu}{d\tau}\right)} = \frac{-\kappa}{\sqrt{g_{00}}}\left[\frac{da_\mu}{d\tau}+\vec{b}_\mu\cdot\left(\vec{b}_\nu\frac{da^\nu}{d\tau}\right)\right] \tag{5.14}$$

となり，これより

$$P_\mu\vec{b}^\mu = 0 \tag{5.15}$$

をうる．また $\vec{u}$ の正準運動量 $\vec{p}$ は

$$\vec{p} = \frac{\partial \mathcal{L}}{\partial\left(\dfrac{d\vec{u}}{d\tau}\right)} = \frac{\kappa}{\sqrt{g_{00}}}\left(\frac{d\vec{u}}{d\tau} - \vec{\omega}\times\vec{u}\right) \tag{5.16}$$

であり，(5.14), (5.16) を用いると

$$P_\mu P^\mu - [\vec{p}^2 + \kappa^2(\vec{u})] = 0 \tag{5.17}$$

をうる．これは系の質量 M は

$$M^2 = \vec{p}^2 + \kappa^2(\vec{u}) \tag{5.18}$$

と与えられることを意味する．さらに

$$\vec{L} = \frac{\partial \mathcal{L}}{\partial \vec{\omega}} = \frac{-\kappa}{\sqrt{g_{00}}}\vec{u}\times\left(\frac{d\vec{u}}{d\tau} - \vec{\omega}\times\vec{u}\right) = +\vec{u}\times\vec{p}$$

または

$$\vec{L} + \vec{p}\times\vec{u} = 0 \tag{5.19}$$

方程式が成り立つことがわかる．$\vec{L}$ は $\vec{b}_\mu$ を $\vec{b}_\mu + \partial\vec{\omega}\times\vec{b}_\mu$ と変化させる変換の生成子である．この点についてはすぐに述べることにして，以上をまとめると，(5.11) より正準形式にうつると

$$P_\mu P^\mu - M^2 = 0, \qquad M^2 \equiv \vec{p}^2 + \kappa^2(\vec{u}) \tag{5.20a}$$

$$P_\mu \vec{b}^\mu = 0 \tag{5.20b}$$

$$\vec{L} + \vec{p}\times\vec{u} = 0 \tag{5.20c}$$

の7個の補助条件をうることになる．もともと $x_\mu^{(1)}, x_\mu^{(2)}$ の8個の変数のある力学系でそのうち相対時間の自由度は二つの点が空間的に位置していることからおさえられねばならず，系の全体としての時間発展のパラメターが一つ含まれているはずであるから真に独立な自由度は重心の空間座標を除いて3個である．しかし，われわれは a_μ に4個，$\vec{u}$ に3個，$\vec{b}_\mu$ は直交関係があるので6個の自由度を導入している．このうち(5.20)の条件を用いることにより，真に独立な自由度は6個になり，重心の自由度を除くとちょうど3個になることがわかる．実際，(5.20b, c) を用いることにより，$\vec{b}_\mu$ を書くのに必要な変数が完全におさえられることを示すことができる．

まず，(5.20b) をみたすような $\vec{b}_\mu$ を2成分スピノル ξ を用いて次のようにあらわす．

$$b_\mu^{(1)} = \frac{1}{2\rho}[(\xi\sigma_{\mu\nu}b^{(0)\nu}\xi)+\text{c. c.}]$$

$$b_\mu^{(2)} = \frac{-i}{2\rho}[(\xi\sigma_{\mu\nu}b^{(0)\nu}\xi)-\text{c. c.}]$$

$$b_\mu^{(3)} = \frac{1}{\rho}(\xi^*\sigma^\nu\xi)O_{\mu\nu}, \qquad O_{\mu\nu} = g_{\mu\nu}-b_\mu^{(0)}b_\nu^{(0)}$$

$$b_\mu^{(0)} = P_\mu/\sqrt{P^2}, \qquad \rho = (\xi^*\sigma_\mu b^{(0)\mu}\xi) \equiv (\xi^*\Sigma\xi) \tag{5.21}$$

こうすれば角速度 $\vec{\omega}$ は

$$\omega^{(1)} = \frac{-i}{\rho}\left[\left(\xi\frac{d\xi}{d\tau}\right)-\text{c. c.}\right], \qquad \omega^{(2)} = \frac{1}{\rho}\left[\left(\xi\frac{d\xi}{d\tau}\right)+\text{c. c.}\right]$$

$$\omega^{(3)} = \frac{-i}{\rho}\left[\left(\frac{d\xi^*}{d\tau}\Sigma\xi\right)-\text{c. c.}\right] \tag{5.22}$$

となり，$\xi^\alpha\ (\alpha=1,2)$ の正準共役運動量 π_α は

$$\pi_\alpha = \frac{\partial\mathcal{L}}{\partial\left(\dfrac{d\xi^\alpha}{d\tau}\right)} = \sum_{k=1}^{3}\frac{\partial\mathcal{L}}{\partial\omega^{(k)}}\frac{\partial\omega^{(k)}}{\partial\left(\dfrac{d\xi^\alpha}{d\tau}\right)} = \vec{L}\frac{\partial\vec{\omega}}{\partial\left(\dfrac{d\xi^\alpha}{d\tau}\right)}$$

より

$$L^{(1)} = \frac{i}{2}[\pi_\alpha\Sigma^\alpha{}_{\dot\alpha}\xi^{\dot\alpha}-\text{c. c.}]$$

$$L^{(2)} = \frac{1}{2}[\pi_\alpha\Sigma^\alpha{}_{\dot\alpha}\xi^{\dot\alpha}+\text{c. c.}]$$

$$L^{(3)} = \frac{-i}{2}[\pi_\alpha\xi^\alpha-\xi^{\dot\alpha}\pi_{\dot\alpha}] \tag{5.23}$$

をうる．(5.21) と (5.23) を用いれば

$$[L^{(k)}, b_\mu^{(l)}] = i\epsilon^{(klm)}b_\mu^{(m)} \tag{5.24}$$

を容易に確かめることができるので，$\vec{L}$ は $\vec{b}_\mu$ のいわゆる物体静止系における回転の生成子になっていることがわかる．また

$$[L^{(k)}, L^{(l)}] = i\epsilon^{(klm)}L^{(m)} \tag{5.25}$$

も成り立つ．こうして，(5.20b) は補助条件ではなく，いつでも成り立つ関係とみなせるので，量子論では

$$[P_\mu P^\mu - M^2]|\Psi\rangle = 0, \qquad M^2 \equiv \vec{p}^2+\kappa^2(\vec{u})$$

$$[\vec{L}+\vec{p}\times\vec{u}]|\Psi\rangle = 0 \tag{5.26}$$

の方程式系を取り扱えばよい．この式の第2式は(5.25)と $\vec{p}\times\vec{u}$ の間の代数的関係から閉じていることがわかり，(5.26)の第1式と第2式は κ が $\vec{u}^2$ の関数であれば互に交換することがわかるので，(5.26)はこれ以上新しい条件を与えない．しかもこれらは前節の場合とは異なり，古典論から導かれた関係をそのまま量子論に翻訳したものである．

(5.1)の式から系の並進に対する変換は

$$a_\mu \to a_\mu+\varepsilon_\mu \tag{5.27}$$

であり，その生成子はあきらかに P_μ である．そして，(5.11)のラグランジュ関数はこの変換に対して不変であるので，P_μ は保存する．またローレンツ変換は

$$\begin{aligned} a_\mu &\to a_\mu+\delta\omega_\mu{}^\nu a_\nu \\ \vec{b}_\mu &\to \vec{b}_\mu+\delta\omega_\mu{}^\nu \vec{b}_\nu \end{aligned} \tag{5.28}$$

であり，この変換の生成子 $M_{\mu\nu}$ は

$$M_{\mu\nu}=P_\mu a_\nu-P_\nu a_\mu+\pi_\alpha\sigma_{\mu\nu}{}^\alpha{}_\beta\xi^\beta+\pi_{\dot\alpha}\sigma_{\mu\nu}{}^{\dot\alpha}{}_{\dot\beta}\xi^{\dot\beta} \tag{5.29}$$

であり，(5.11)は(5.28)の変換に対して不変であるから $M_{\mu\nu}$ は保存する．このことは，今の場合，系のハミルトン関数は斉次形式であるので

$$\mathscr{H}=\lambda_1(P_\mu P^\mu-M^2)+\vec{\lambda}_2\cdot[\vec{L}+\vec{p}\times\vec{u}] \tag{5.30}$$

と与えられることからも理解できる．すなわち

$$\frac{dM_{\mu\nu}}{d\tau}=i[\mathscr{H},\,M_{\mu\nu}]=0$$

である．

(5.26)はまた

$$\begin{aligned} &(P_\mu P^\mu-M^2)|\Psi\rangle=0 \\ &[P_\mu V^{(1)\mu}+MT^{(1)}]|\Psi\rangle=0, \qquad [P_\mu V^{(2)\mu}+MT^{(2)}]|\Psi\rangle=0 \\ &(V^{(3)}+T^{(3)})|\Psi\rangle=0 \\ &M^2=\vec{p}^2+\kappa^2(\vec{u}), \qquad \vec{T}=(T^{(1)},T^{(2)},T^{(3)})=\vec{p}\times\vec{u} \\ &V^{(1)}_\mu=\frac{i}{2}[\pi_\alpha\sigma_\mu{}^\alpha{}_{\dot\alpha}\xi^{\dot\alpha}-\text{c. c.}], \qquad V^{(2)}_\mu=\frac{1}{2}[\pi_\alpha\sigma_\mu{}^\alpha{}_{\dot\alpha}\xi^{\dot\alpha}+\text{c. c.}] \\ &V^{(3)}=\frac{-i}{2}(\pi^\alpha\xi_\alpha-\text{c. c.}) \end{aligned} \tag{5.31}$$

と書ける．そして，この方程式は P_μ が時間的な場合にのみ矛盾がないことは，これらの演算子の間の交換関係をとってみると容易に確かめることができる．したがって，この模型ではいわゆるタキオン $(P_\mu P^\mu<0)$ も存在しないし，負ノルムの状態も用いていない．ここで，次の交換関係が成り立つことを注意しておこう．すなわち，

$$[V_\mu^{(1)}, V_\nu^{(2)}] = ig_{\mu\nu}V^{(3)}$$

$$[V^{(3)}, V_\mu^{(1)}] = iV_\mu^{(2)}, \qquad [V^{(3)}, V_\mu^{(2)}] = -iV_\mu^{(1)} \tag{5.32}$$

π と ξ の双1次式はこのほかに

$$S_{\mu\nu} = \pi_\alpha \sigma_{\mu\nu}{}^{\alpha\beta}\xi_\beta + \text{c.c.}, \qquad Q = \pi_\alpha \xi^\alpha + \text{c.c.}$$

があり，Q は V や S と可換であり，V と S は全体として閉じた系をつくり，$O(4,2)$ の変換の生成子の代数を与えることが確かめられる．

最後に，(5.26) の第2式を変換により

$$\tilde{L}|\Psi\rangle = 0$$

の形にうつし，スピノル変数を消去できることを指摘しておく．具体的な計算は文献にゆずり (文献[16] の Gotō)，その結果を書くと，

$$(P_\mu P^\mu - M^2)|\Psi\rangle = 0$$

となり，スピノル ξ を消去するとローレンツ変換の生成子 $M_{\mu\nu}$ は

$$M_{0k} = \frac{i}{2}\left[\sqrt{\vec{P}^2+M^2}\frac{\partial}{\partial P_k} + \frac{\partial}{\partial P_k}\sqrt{\vec{P}^2+M^2}\right] + \frac{\epsilon_{klm}P_l T^{(m)}}{\sqrt{\vec{P}^2+M^2}+M} \qquad (k=1,2,3)$$

$$M_{ij} = \epsilon_{ijk}[(\vec{P}\times\vec{a})_k + T^{(k)}] \qquad (i,j=1,2,3)$$

$$\vec{T} = \vec{p}\times\vec{u} \tag{5.33}$$

と与えられる．

§2.6 相対論的回転子

この章の§2.1で述べたように，剛体的運動は，非相対論的模型の形式的拡張により，いろいろな形で定式化される．ここではボルン (M. Born) により提唱され，その後ヘルグロッツ (Herglotz) とネーター (F. Noether) により一般化された剛体運動の定義から出発してみよう [17]．彼らの剛体運動の定義は次のようなものである．“物体上の任意の2点の世界線に垂直に測られた空間的な距離が，その世界線に沿って，つねに一定である場合，その物体は剛体的運

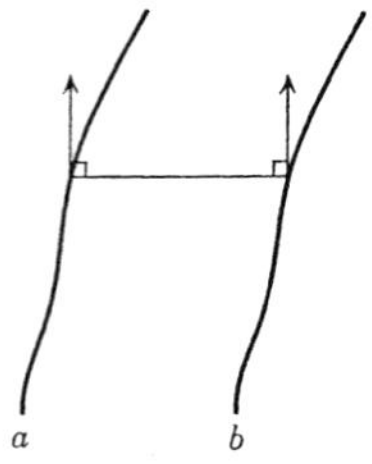

図 2.3

動をしているという.” ヘルグロッツとネーターによれば，物体上の各点の座標 x^μ は次の形で与えられる.

$$x^\mu = a^\mu(\tau) + \sum_{r=1}^{3} b_r^\mu(\tau) u^r$$

$$\frac{da^\mu}{d\tau} = b_0^\mu(\tau)\Lambda(\tau)$$

$$b_\alpha^\mu b_{\beta\mu} = g_{\alpha\beta} \quad (+1, -1, -1, -1) \tag{6.1}$$

ここで u^r $(r=1, 2, 3)$ は物体上の各点につけられた目印の役割をはたし，x^μ は与えられた (u^r) について τ の変化で1本の世界線を画くことになる．この関係はボルンの剛体運動の適否は別にして，一つの運動学的条件を物体上の各点に与えている．非相対論的運動がちょうど第1章の(1.3)の式で定義されているが，(6.1)はその相対論的一般化とみなしてもよいであろう.

(6.1)より

$$\frac{\partial x^\mu}{\partial \tau} = \frac{da^\mu}{d\tau} + \sum_{r=1}^{3} \frac{db_r^\mu}{d\tau} u^r$$

$$\frac{\partial x^\mu}{\partial u^r} = b_r^\mu \tag{6.2}$$

となるが，ここで次のような三次元的記号を用いる.

$$\vec{u} = (u^1, u^2, u^3), \qquad \vec{b}_\mu = (b_\mu^1, b_\mu^2, b_\mu^3)$$

$$\vec{\omega}_0 = (\omega_{01}, \omega_{02}, \omega_{03}), \qquad \omega_{0i} = \frac{db_0^\mu}{d\tau} \cdot b_{i,\mu} \qquad (i=1, 2, 3)$$

$$\vec{\omega} = (\omega_{23}, \omega_{31}, \omega_{12}), \qquad \omega_{ij} = \frac{db_i^\mu}{d\tau} \cdot b_{j,\mu} \qquad (i, j=1, 2, 3) \tag{6.3}$$

この記号を用いると

$$\frac{\partial x^\mu}{\partial \tau}\frac{\partial x_\mu}{\partial \tau}=g_{00}=\Lambda^2\left[\left(1-\vec{u}\cdot\vec{\omega}_0\frac{1}{\Lambda}\right)^2-\left(\frac{\vec{\omega}}{\Lambda}\times\vec{u}\right)^2\right] \tag{6.4}$$

となる．ラグランジュ関数を bi-local 場の場合の類推で，物体上の各点の運動エネルギーと静止エネルギーの和と考えれば次のように仮定することは自然である．

$$\begin{aligned}\mathcal{L}&=\int d^3u\kappa(u)\sqrt{g_{00}(u)}\\&=\int d^3u\kappa(u)\,\Lambda\sqrt{\left(1-\vec{u}\cdot\vec{\omega}_0\frac{1}{\Lambda}\right)^2-\left(\frac{\vec{\omega}}{\Lambda}\times\vec{u}\right)^2}\end{aligned} \tag{6.5}$$

$$\Lambda=\sqrt{\frac{da_\mu}{d\tau}\frac{da^\mu}{d\tau}} \tag{6.6}$$

前節と同じように(6.5)をさらに簡単にするために次の仮定をする．

$$\begin{aligned}\vec{\omega}_0&=0\\\Lambda^2&=\frac{da^\mu}{d\tau}\frac{da_\mu}{d\tau}+\left(\hat{b}_\mu\frac{da^\mu}{d\tau}\right)^2\end{aligned} \tag{6.7}$$

こうすると(6.5)は

$$\mathcal{L}=-\int d^3u\kappa(u)\,\Lambda\sqrt{1-\left(\frac{\vec{\omega}}{\Lambda}\times\vec{u}\right)^2} \tag{6.8}$$

となる．ここで Λ は(6.7) を用いることにする．なお，$\kappa(u)$ は物体の質量密度を与える．(6.8)より作用積分は

$$I=-\int d\tau\Lambda\int d^3u\kappa(u)\sqrt{1-\left(\frac{\vec{\omega}}{\Lambda}\times\vec{u}\right)^2} \tag{6.9}$$

となるが，ここで Λ の意味を少し述べておく．

$$d\tau\Lambda=\sqrt{da^\mu da_\mu+(\hat{b}_\mu da^\mu)^2} \tag{6.10}$$

と書いてみてわかることは，(6.10)の積分を系の時間的発展を順序づける物理的に意味のあるパラメターとして採用していることがわかる．これは $\hat{b}_\mu$ で規定される平らな空間的面の法線方向 b_0^μ への代表点の四元速度 $\dfrac{da^\mu}{d\tau}$ の射影成分 $b_0^\mu\dfrac{da_\mu}{d\tau}d\tau$ を系の固有時として採用していることになっている．はじめの仮定のように $\dfrac{da^\mu}{d\tau}\propto b_0^\mu$ であれば当然の仮定であるが，(6.9)のラグランジュ関数にその

ことを陽にあらわしておくために(6.7)のようにおいたと考えることにしよう．§2.2で述べたように，どのような固有時を採用しているかは問題の定式化に重要な意味をもってくる．

(6.8), (6.9)より

$$P_{\mu}=\frac{\partial \mathcal{L}}{\partial\left(\dfrac{da^{\mu}}{d\tau}\right)}=\frac{-1}{\Lambda^{2}}\left[\frac{da_{\mu}}{d\tau}-\vec{b}_{\mu}\cdot\left(\vec{b}_{\nu}\frac{da^{\nu}}{d\tau}\right)\right]\left\{\mathcal{L}-\frac{\partial \mathcal{L}}{\partial \vec{\omega}}\vec{\omega}\right\} \tag{6.11}$$

これより

$$\begin{gathered}P_{\mu}P^{\mu}-H^{2}=0, \qquad P_{\mu}\vec{b}^{\mu}=0 \\ H=\left[\frac{\partial \mathcal{L}}{\partial \vec{\omega}}\vec{\omega}-\mathcal{L}\right]\frac{1}{\Lambda}, \qquad \vec{L}=\frac{\partial \mathcal{L}}{\partial \vec{\omega}}=\frac{\partial(\mathcal{L}/\Lambda)}{\partial(\vec{\omega}/\Lambda)}\end{gathered} \tag{6.12}$$

をうる．ここで H は(3.18)の一般論の特別な場合になっている．今 $|\vec{u}|$ の上限を r_0 として $r_0|\vec{\omega}|\ll 1$ として $\mathcal{L}$ を

$$\mathcal{L}=-\Lambda\int\kappa(u)d^{3}u\left[1-\frac{1}{2}\left(\frac{\vec{\omega}}{\Lambda}\times\vec{u}\right)^{2}+\cdots\right] \tag{6.13}$$

とおけば，

$$\begin{gathered}L^{(r)}=I^{(r)}\cdot\frac{\omega^{(r)}}{\Lambda}, \qquad H=\sum_{r=1}^{3}\frac{1}{2I^{(r)}}(L^{(r)})^{2}+M_{0} \\ \int d^{3}u\kappa(u)\left[\vec{v}^{2}\delta^{rs}-u^{r}u^{s}\right]=\delta^{rs}I^{(r)} \\ \int d^{3}u\kappa(u)=M_{0}\end{gathered} \tag{6.14}$$

となり質量演算子 H は非相対論的剛体のハミルトン関数と形式的に一致する．これは§2.2で述べたpoint-likeな系の一つの例であり，Takabayasiの相対論的回転子はまさにこのようなものである(§2.1の(1.4), (1.5)を参照)．そして，物体の拡がりは結局は陽にあらわれることなく，ラグランジュ関数を特徴づけるいくつかのパラメターの中にかくされてしまう．これは§2.1で述べたpoint-likeな系の特徴である．§2.4, 2.5で述べたbi-local場の場合は回転子の場合とは異なり，直接物体の構造をあらわす変数がラグランジュ関数の中に陽にあらわれてきていると考えられる．すなわち，$x^{(1)}$ と $x^{(2)}$ は明らかに物体を構成する二つの点の位置を示している．しかし，今の場合 b_{μ}^{r} は物体がどの

ような方向を向いているかを示すにすぎず，物体の大きさなどをあらわす量はすべて積分されて慣性能率のようなパラメターとしてしかあらわれない．

(6.14)では静止質量が $L^{(r)2}$ の和で与えられている．これはレッジェ軌跡から期待されるものから著しくはずれる結果を与える．レッジェ軌跡からの結果に近づけるために

$$M^2 = \sum_{r=1}^{3} \frac{1}{2I^{(r)}}(L^{(r)})^2 + \kappa_0{}^2 \tag{6.15}$$

を与えるような模型をうるには，ラグランジュ関数を次のように変更してやるとよい．すなわち，

$$L = -\kappa_0 \Lambda \sqrt{1 - \sum_{r=1}^{3} I^{(r)}(\omega^{(r)}/\Lambda)^2}$$
$$\Lambda^2 = \frac{da_\mu}{d\tau}\frac{da^\mu}{d\tau} + \left(\hat{b}_\mu \frac{da^\mu}{d\tau}\right)^2 \qquad (6.16)^{*)}$$

これから得られる補助条件は

$$(P_\mu P^\mu - M^2)|\Psi\rangle = 0 \tag{6.17a}$$
$$P_\mu \hat{b}^\mu |\Psi\rangle = 0 \tag{6.17b}$$
$$M^2 = \sum_{r=1}^{3} \frac{1}{2I^{(r)}}(L^{(r)})^2 = \kappa_0{}^2 \tag{6.17c}$$

である．(6.17b)より P_μ の固有値は時間的であり，その他の場合（空間的およびゼロベクトル）は除外されることがわかる．なお(6.17c)はまだレッジェ軌跡とは一致していない．

§2.7　相対論的回転子の量子論と相対論的波動方程式

相対論的回転子の場合に用いられた triad $\hat{b}_\mu$ は，物体の回転をあらわすもので系の運動を記述するための座標である．（これに反して，bi-local 場の場合には，この自由度は補助条件によって消去されるべきものであった．）この節では§2.5で用いた2成分スピノルを用いて回転子の波動関数を考えてみよう．まず，(5.21), (5.23), (5.24), (5.29)式を思いだしておく．また回転子の模型

*)　文献[16]の Takabayasi 参照．

としては簡単のために(6.17)で球対称な場合を考えよう．すなわち，

$$(P_\mu P^\mu - M^2)|\Psi\rangle = 0 \qquad M^2 = \sum_{r=1}^{3} \frac{1}{2I}(L^{(r)})^2 + \kappa_0^2$$

$$P_\mu \hat{b}^\mu = 0 \tag{7.1}$$

$P_\mu \hat{b}^\mu = 0$ をみたすためには(5.21)で $b^0_\mu = P_\mu/\sqrt{P_\mu P^\mu}$ とおけばよい．こうすればローレンツ変換の生成子 $M_{\mu\nu}$ は(5.29)で与えられる．また $L^{(r)}$ は(5.23)で与えられているが，ここでも b^0_μ は $P_\mu/\sqrt{P^2}$ におきかえればよいことがわかる．このおきかえが可能なのは $P_\mu P^\mu > 0$ であることが保障されているからである．なお，スピノル ξ を用いて $\hat{b}_\mu$ をあらわす時に，スピノル ξ の規格化条件が入っていないので，$\xi \to \lambda\xi$ とスケールを変えてやっても何の変化も生じない．したがって，今の場合(7.1)のほかにこのスケール変換に対して不変であるための条件として

$$(\pi_\alpha \xi^\alpha + \xi^{\dot{\alpha}} \pi_{\dot{\alpha}})|\Psi\rangle = Q|\Psi\rangle = 0 \tag{7.2}$$

をおく(第1章(3.3)参照)．

さて波動関数は重心 a_μ の他に $\xi_\alpha, \xi^*_{\dot{\alpha}}$ $(\alpha = 1, 2)$ という四つの実数の座標の関数であるから，この内部変数に関係して四つの量子数をきめなければならない．最も基本的な量は系の内部スピンでスピンベクトル W_μ を*)

$$W_\mu = \frac{1}{2}\epsilon_{\mu\nu\rho\sigma}\frac{1}{\sqrt{P^2}}P^\nu S^{\rho\sigma}$$

$$S^{\mu\nu} = \pi_\alpha \sigma^{\mu\nu;\alpha\dot{\beta}} \xi_\beta + \pi_{\dot{\alpha}} \sigma^{\mu\nu;\dot{\alpha}\dot{\beta}} \xi_{\dot{\beta}} \tag{7.3}$$

とすると，

$$W_\mu W^\mu |\Psi\rangle = J(J+1)|\Psi\rangle, \qquad W_3|\Psi\rangle = M|\Psi\rangle \tag{7.4}$$

と (J, M) の二つの量子数が定まる．もう一つは $L^{(3)}$ であり，最後の一つは(7.2)ですでに決っている Q である．すなわち，

$$(W_\mu W^\mu,\ W_3,\ L^{(3)},\ Q=0) \tag{7.5}$$

の互に可換な四つの演算子の固有値を定めればよい．これは第1章の非相対論的剛体の場合と全く同じである．ここで，第1章(2.3)のようにオイラー角で ξ をあらわす．すなわち，

---

*)　次章§3.1を参照．

$$\begin{pmatrix}\xi_1\\ \xi_2\end{pmatrix}=i\sqrt{\rho}\begin{pmatrix}\cos\dfrac{\theta}{2}\exp\left[-i\dfrac{1}{2}(\varphi+\psi)\right]\\ \sin\dfrac{\theta}{2}\exp\left[-i\dfrac{1}{2}(\varphi-\psi)\right]\end{pmatrix}\tag{7.6}$$

これを用いると(7.2)の Q は

$$Q=i\left(\rho\frac{\partial}{\partial\rho}+1\right)\tag{7.7}$$

となり，

$$\pi^{\alpha}=\frac{1}{i}\frac{\partial}{\partial\xi_{\alpha}},\qquad \pi^{\dot\alpha}=\frac{1}{i}\frac{\partial}{\partial\xi_{\dot\alpha}}=\frac{1}{i}\frac{\partial}{\partial\xi_{\alpha}^{*}}$$

を考えて，

$$\pi^{1}=\frac{1}{\sqrt{\rho}}e^{(i/2)(\varphi+\psi)}\left[-\cos\frac{\theta}{2}\rho\frac{\partial}{\partial\rho}+\sin\frac{\theta}{2}\frac{\partial}{\partial\theta}-\frac{1}{2\cos\dfrac{\theta}{2}}i\left(\frac{\partial}{\partial\psi}+\frac{\partial}{\partial\varphi}\right)\right]$$

$$\pi^{2}=\frac{1}{\sqrt{\rho}}e^{(i/2)(\varphi-\psi)}\left[-\sin\frac{\theta}{2}\rho\frac{\partial}{\partial\rho}-\cos\frac{\theta}{2}\frac{\partial}{\partial\theta}-\frac{1}{2\sin\dfrac{\theta}{2}}i\left(-\frac{\partial}{\partial\psi}+\frac{\partial}{\partial\varphi}\right)\right]$$

$$\pi^{\dot 1}=\frac{1}{\sqrt{\rho}}e^{-(i/2)(\varphi+\psi)}\left[\cos\frac{\theta}{2}\rho\frac{\partial}{\partial\rho}-\sin\frac{\theta}{2}\frac{\partial}{\partial\theta}-\frac{1}{2\cos\dfrac{\theta}{2}}i\left(\frac{\partial}{\partial\psi}+\frac{\partial}{\partial\varphi}\right)\right]$$

$$\pi^{\dot 2}=\frac{1}{\sqrt{\rho}}e^{-(i/2)(\varphi-\psi)}\left[\sin\frac{\theta}{2}\rho\frac{\partial}{\partial\rho}+\cos\frac{\theta}{2}\frac{\partial}{\partial\theta}-\frac{1}{2\sin\dfrac{\theta}{2}}i\left(-\frac{\partial}{\partial\psi}+\frac{\partial}{\partial\varphi}\right)\right]\tag{7.8}$$

となる．これを用いるとローレンツ変換の生成子は(5.29)より次のようになる．

$$S_1=S_{23}=\sin\psi\frac{1}{i}\frac{\partial}{\partial\theta}-\frac{\cos\psi}{\sin\theta}\left(\frac{1}{i}\frac{\partial}{\partial\varphi}-\cos\theta\frac{1}{i}\frac{\partial}{\partial\psi}\right)$$

$$S_2=S_{31}=\cos\psi\frac{1}{i}\frac{\partial}{\partial\theta}+\frac{\sin\psi}{\sin\theta}\left(\frac{1}{i}\frac{\partial}{\partial\varphi}-\cos\theta\frac{1}{i}\frac{\partial}{\partial\psi}\right),\qquad S_3=S_{12}=-\frac{1}{i}\frac{\partial}{\partial\psi}$$

$$S_{01}=\cos\psi\sin\theta\frac{1}{i}\rho\frac{\partial}{\partial\rho}+\cos\psi\cos\theta\frac{1}{i}\frac{\partial}{\partial\theta}-\frac{\sin\psi}{\sin\theta}\left(\frac{1}{i}\frac{\partial}{\partial\psi}-\cos\theta\frac{1}{i}\frac{\partial}{\partial\varphi}\right)$$

$$S_{02}=\sin\psi\sin\theta\frac{1}{i}\rho\frac{\partial}{\partial\rho}+\sin\psi\cos\theta\frac{1}{i}\frac{\partial}{\partial\theta}+\frac{\cos\psi}{\sin\theta}\left(\frac{1}{i}\frac{\partial}{\partial\psi}-\cos\theta\frac{1}{i}\frac{\partial}{\partial\varphi}\right)$$

$$S_{03}=\cos\theta\frac{1}{i}\rho\frac{\partial}{\partial\rho}-\sin\theta\frac{1}{i}\frac{\partial}{\partial\theta}\tag{7.9}$$

まず(7.2)の条件から，波動関数Ψは

$$\Psi=\frac{1}{\rho}\Phi(\theta,\varphi,\psi;\ p_\mu) \tag{7.10}$$

の形をしている．運動量P_μの固有値p_μは時間的ベクトルであるので静止系で考えることにしよう．静止系の波動関数$\Psi(\vec{p}=0)$はこの系で

$$-W_\mu W^\mu=S_1{}^2+S_2{}^2+S_3{}^2,\qquad W_3=S_3$$
$$L^{(3)}=-\frac{1}{i}\frac{\partial}{\partial\varphi} \tag{7.11}$$

と非相対論的剛体の場合と全く同じであるから，ヤコビ多項式を用いて次のようにかける[18][6][7].

$$\Psi_J^{M,K}(\vec{p}=0)=\frac{1}{\rho}e^{-iK\varphi}e^{-iM\psi}\frac{1}{\sqrt{2\pi}}P_J^{M,K}(\cos\theta)=\frac{1}{\rho}\Phi_J^{M,K}(\theta,\varphi,\psi)$$

$$P_J^{M,K}(z)=\frac{(-1)^{J+K}}{2^J}\left[\frac{(J-M)!\left(J+\frac{1}{2}\right)}{(J+M)!(J+K)!(J-K)!}\right]^{1/2}\times$$
$$\times(1-z)^{-(J-K)/2}(1+z)^{-(J+K)/2}\frac{d^{J+M}}{dz^{J+M}}\{(1-z)^{J+K}(1-z)^{J-K}\} \tag{7.12}$$

ここで$(J(J+1),M,K)$は，それぞれ$(-W_\mu W^\mu,W_3,L^{(3)})$の固有値であり静止質量の固有値$m^2$は$J$のみできまる．$\vec{p}\neq0$の状態は(7.12)をローレンツ変換して次のように得られる．

$$\Psi_J^{M,K}(\vec{p})=\exp\left[-i\sum_{k=1}^{3}v_kS_{0k}\right]\Psi_J^{M,K}(\vec{p}=0)=L(\vec{p})\Psi_M^{J,K}(\vec{p}=0)$$
$$v_k=p_k/\sqrt{\vec{p}^2+m^2(J)} \tag{7.13}$$

ここで内部変数についての内積を次のように定義することにしよう．(7.2)をみたす二つの波動関数$\Psi^{(1)},\Psi^{(2)}$の内積は

$$(\Psi^{(1)},\Psi^{(2)})=\int\rho^2d\Omega\Psi^{(1)*}\Psi^{(2)},\qquad d\Omega=\sin\theta d\theta d\varphi d\psi \tag{7.14}$$

として与えρについての積分は行わない*)．$Q\Psi=0$の補助条件があるためにρ

*)　文献[12] A. Kalz 参照．

積分を行う内積は発散してしまう．一般に連続固有値をもつエルミット演算子で補助条件がある場合にはその補助条件の数だけ積分変数をへらして内積を定義しなければならない．さて，(7.14)では $\rho^2 d\Omega$ はローレンツ不変な体積要素を与えてくれるので（もともと $\rho d\rho d\Omega$ がローレンツ不変な体積要素であった）この内積はローレンツ不変である．しかも，波動関数が $1/\rho$ に比例していることから内積は ρ を含まなくなり，ξ_α のスケール変換に対しても不変である．また，(7.9)で与えられたローレンツ変換の生成子は(7.14)の内積の定義を用いるとエルミット演算子であることが直接に確かめられる．したがって，今考えている関数空間でローレンツ群はユニタリーに表現されている．

(7.13)のローレンツ変換を考えてみよう．$\Psi(\vec{p})$ はオイラー角の関数であるからヤコビ多項式の完全性より，

$$\Psi_J^{MK}(\vec{p},\theta,\varphi,\psi)=\sum_{(j,\mu,\kappa)}A(J,M,K,\vec{p}\,|\,j,\mu,\kappa)\phi_j^{\mu,\kappa}(\theta,\varphi,\psi) \tag{7.15}$$

とあらわされる．ここで $\phi_j^{\mu,\kappa}$ は(7.12)の Ψ_J^{MK} で $J=j$，$M=\mu$，$K=\kappa$ とおいた関数である．(7.15)より

$$A(JMK\vec{p}\,|\,j\mu\kappa)=\int\rho^2 d\Omega\,\phi^{*\mu\kappa}_j\Psi_J^{MK} \tag{7.16}$$

であり，運動量 $\vec{p}$ で量子数 (J,M,K) の状態をあらわす状態ベクトルの $(j\mu\kappa)$ 成分である．そして

$$A(JMK\vec{p}=0\,|\,j\mu\kappa)=\delta_{Jj}\delta_{M\mu}\delta_{K\kappa} \tag{7.17}$$

と与えられる．$\vec{p}\neq0$ ではこのベクトルは無限個の成分をもつので，無限成分の波動関数を用いることになる．このことはローレンツ群のユニタリー表現を用いているために生じてくるものである．ローレンツ変換の生成子は一般に(7.9)の $S_{\mu\nu}$ と(7.14)の内積を用いて次のような行列であたえられ，無限次元行列になる．

$$S_{\mu\nu}(j\mu\kappa\,|\,j'\mu'\kappa')=\int\rho^2 d\Omega\,\phi^{*\mu\kappa}_j S_{\mu\nu}\phi_{j'}^{\mu',\kappa'} \tag{7.18}$$

これは ρ を含まない行列要素である．

これまでは，量子力学の原理に従って，物理的に意味のある操作はユニタリー演算子としてあらわされるような形式を採ってきた．そのため，波動関数は

無限次元ベクトルとなる．しかし，スピンの大きさの定った波動関数としてはディラックのスピノルをはじめ有限次元ベクトルとしてあらわされる相対論的波動関数がある．この中で，ローレンツ群のスピノル表現を用いるディラック・フィールツ (Dirac-Fierz) の波動関数と，これまでに得られた回転子の波動関数の間に密接な対応をつけることができる．(7.16)の無限成分波動関数 $A(JMK\vec{p}|j\mu\kappa)$ の代りに次の波動関数を定義しよう．

$$f_{\alpha_1\cdots\alpha_n:\dot\beta_1\cdots\dot\beta_m}(p) = \int \rho d\Omega \sum_{M=-J}^{J} C_M \Psi_J^{M,K}(p) V(p) \xi_{\alpha_1}\xi_{\alpha_2}\cdots\xi_{\alpha_n}\xi_{\dot\beta_1\cdots\dot\beta_m}$$
$$V(p) = \exp[i(v_1(p)\cos\phi\sin\theta + v_2(p)\sin\phi\sin\theta + v_3\cos\theta)Q] \tag{7.19}$$

v_1, v_2, v_3 は(7.13)であたえられている．

(7.19)はまた次のように書ける．

$$f^{J,K}_{\alpha_1\cdots\alpha_n\dot\beta_1\cdots\dot\beta_m}(p) = \int d\Omega \sum_M C_M \Phi_J^{MK}(\vec{p}=0)\exp\left[i\sum_{K=1}^{3} v_k S_{0K}\right]\xi_{\alpha_1}\cdots\xi_{\alpha_n}\xi_{\dot\beta_1}\cdots\xi_{\dot\beta_m} \tag{7.20}$$

ここで

$$J = \frac{1}{2}(n+m), \qquad K = \frac{1}{2}(n-m),$$
$$\text{または} \qquad n = J+K, \qquad m = J-K \tag{7.21}$$

である．また，波動方程式(7.1)より $f^{J,K}_{\alpha_1\cdots\dot\beta_1\cdots}$ は

$$[p_\mu p^\mu - m^2(J)] f^{J,K}_{\alpha_1\cdots\alpha_n\dot\beta_1\cdots\dot\beta_m}(p) = 0 \tag{7.22}$$

をみたす．ところで，(7.20)の $\Phi_J^{MK}(\vec{p}=0)$ は(7.12)で与えられているが，これはまた $\xi_\alpha, \xi_{\dot\beta}$ を用いて次のように書ける [18].

$$\Phi_J^{MK} = \frac{(-1)^{J+K}}{\sqrt{8\pi}}\left[\frac{(J-M)!(J+M)!}{(J-K)!(J+K)!}\left(J+\frac{1}{2}\right)\right]^{1/2}\frac{1}{\rho^J}\times$$
$$\times \sum_{m+m'=M}\frac{(2j)!}{(j-m)!(j+m)!}\frac{(2j')!}{(j'+m')!(j'-m')!}(\xi_1)^{j-m}(\xi_2)^{j+m}(\xi_{\dot 1})^{j'+m'}(\xi_{\dot 2})^{j'-m'}$$
$$J = j+j', \qquad K = j-j' \tag{7.23}$$

また ξ_α はローレンツ変換によって線型の変換をうけることから，$f^{JK}_{\alpha_1\cdots\dot\beta_1\cdots}$ はローレンツ変換によって $2n\times 2m$ 個の成分の混合スピノルとして変換することがわかるであろう．(7.22)はこの混合スピノルの波動関数の波動方程式であり，

$n=1$, $m=0$ の場合は2成分スピノルの場合のファインマン・ゲルマン(Feynman-Gell-Mann) 方程式である．この一般化された F-G 波動関数はドットとドットのない添字の数が別々に指定されている．

今までは $L^{(3)}$ の固有状態について考えてきた．次に $L^{(1)}$ ($L^{(2)}$ でも同様) の固有状態について考えてみよう．$L^{(1)}$ は $L^{(3)}$ と異なり，全運動量 P_μ と内部変数からなるベクトル $V_\mu^{(1)}$ ((5.31) 参照) からつくられている．今スピンが J で $L^{(1)}$ の固有値も J の場合を考えよう．その波動関数を $\Psi_1^{J,J}$ として，次のように $f^{(1)J}$ を定義する．

$$f^{(1)J}_{\alpha_1\cdots\alpha_n\dot\beta_1\cdots\dot\beta_m}(p)=\int d\Omega\rho\Psi_1^{J,J}(p)V(p)\xi_{\alpha_1}\cdots\xi_{\alpha_n}\xi_{\dot\beta_1}\cdots\xi_{\dot\beta_m}$$

$$J=\frac{1}{2}(n+m) \tag{7.24}$$

これもまた $2n\times 2m$ 成分の混合スピノルとして変換する．そして，

$$[p_\mu p^\mu-m^2(J)]f^{(1)J}_{\alpha_1\cdots\alpha_n\dot\beta_1\cdots\dot\beta_m}(p)=0 \tag{7.25}$$

をみたす．今，簡単のために静止系 ($\vec{p}=0$) で考えよう．この場合には

$$[L^{(2)}+iL^{(3)}]\Phi_1^{J,J}=0 \tag{7.26}$$

より，

$$\int d\Omega[(L^{(2)}+iL^{(3)})\Phi_1^{J,J}(\vec{p}=0)]^*\xi_{\alpha_1}\cdots\xi_{\alpha_n}\xi_{\dot\beta_1}\cdots\xi_{\dot\beta_m}$$

$$=\int d\Omega\Phi_1^{J,J*}(0)\,(L^{(2)}-iL^3)\,(\xi_{\alpha_1}\cdots\xi_{\alpha_n}\xi_{\dot\beta_1}\cdots\xi_{\dot\beta_m})=0$$

となり，静止系において

$$L^{(2)}=\frac{i}{2}(\xi_{\dot 2}\pi^1-\xi_1\pi^{\dot 2}-\xi_2\pi^{\dot 1}+\xi_{\dot 1}\pi^2)$$

$$L^{(3)}=\frac{i}{2}(\xi_1\pi^1+\xi_2\pi^2-\xi_{\dot 1}\pi^{\dot 1}-\xi_{\dot 2}\pi^{\dot 2})$$

であることを用いると，$f_{\underbrace{1\cdots1}_{n}\underbrace{\dot 2\cdots\dot 2}_{m}}$ に対して次の関係をうる．

$$\frac{1}{2}[nf_{\underbrace{1\cdots1}_{n-1}\underbrace{\dot 2\cdots\dot 2}_{m+1}}-mf_{\underbrace{1\cdots1}_{n+1}\underbrace{\dot 2\cdots\dot 2}_{m-1}}]-\frac{i}{2}(n-m)f_{\underbrace{1\cdots1}_{n}\underbrace{\dot 2\cdots\dot 2}_{m}}=0 \tag{7.27}$$

これはスピンの第3成分 $M=J$ の場合である．この関係は $m=0$ の $n=2J$ の場合には

$$f_{\underbrace{1\cdots1}_{2J-1}\dot{2}} = if_{\underbrace{1\cdots1}_{2J}} \tag{7.28}$$

であり，一般に

$$f_{\underbrace{1\cdots1}_{n-1}\underbrace{\dot{2}\cdots\dot{2}}_{m+1}} = if_{\underbrace{1\cdots1}_{n}\underbrace{\dot{2}\cdots\dot{2}}_{m}}, \qquad n+m=2J \tag{7.29}$$

が成立つ．共変および反変スピノルの関係から(7.29)は

$$f_{\underbrace{1\cdots1}_{n-1}}{}^{\overbrace{\dot{1}\cdots\dot{1}}^{m+1}} = -if_{\underbrace{1\cdots1}_{n}}{}^{\overbrace{\dot{1}\cdots\dot{1}}^{m}} \tag{7.30}$$

であり，スピン行列 $\sigma_{\mu}{}^{:\alpha\dot{\beta}}$ を用いて

$$\sigma_0{}^{\alpha\dot{1}}f_{\underbrace{1\cdots1}_{n-1}\alpha}{}^{\overbrace{\dot{1}\cdots\dot{1}}^{m}} = -if_{\underbrace{1\cdots1}_{n-1}}{}^{\overbrace{\dot{1}\cdots\dot{1}}^{m+1}}, \qquad \sigma_0{}^{\alpha\dot{\beta}} = \begin{pmatrix} 1 & \\ & 1 \end{pmatrix} \tag{7.31}$$

をうる．今まではスピンの第3成分が最大値をとる場合について考えたが，空間回転をほどこすことによりこの関係は

$$\sigma_0{}^{\alpha_n\dot{\beta}_{m+1}}f_{\alpha_1\cdots\alpha_n}{}^{\dot{\beta}_1\cdots\dot{\beta}_m} = -if_{\alpha_1\cdots\alpha_{n-1}}{}^{\dot{\beta}_1\cdots\dot{\beta}_{m+1}} \tag{7.32}$$

と一般化されることがわかる．さらにローレンツ変換を行うことにより，

$$p^{\mu}\sigma_{\mu}{}^{\alpha_n\dot{\beta}_{m+1}}f_{\alpha_1\cdots\alpha_n}{}^{\dot{\beta}_1\cdots\dot{\beta}_m} = -i\sqrt{p_{\mu}p^{\mu}}f_{\alpha_1\cdots\alpha_{n-1}}{}^{\dot{\beta}_1\cdots\dot{\beta}_{m+1}} \tag{7.33}$$

をうる．同様にして

$$p^{\mu}\sigma_{\mu;\,\alpha_{n+1}\dot{\beta}_m}f_{\alpha_1\cdots\alpha_n}{}^{\dot{\beta}_1\cdots\dot{\beta}_m} = +i\sqrt{p_{\mu}p^{\mu}}f_{\alpha_1\cdots\alpha_{n+1}}{}^{\dot{\beta}_1\cdots\dot{\beta}_{m-1}} \tag{7.34}$$

が導かれる．(7.25)より $p_{\mu}p^{\mu}=m^2(J)$ であるから，この二つの式はディラック・フィールツの波動方程式にほかならない．

なお $L^{(1)}$ の代りに $L^{(2)}$ を用いても同じである．しかし $L^{(1)}$ の固有値 $M^{(1)}$ がスピンの大きさ J より小さい場合にはこのような結果にはならずにもっと変った方程式が得られるがここではふれない．

§2.8　スピノル座標 ξ とその線型変換および空間反転

回転子の運動を2成分スピノル ξ を用いて書いてきた．そのため，空間反転

P による変換性が少しわかりにくくなっている．ここでは，ξ とその正準共役 π を用いた場合の空間反転について少しふれておこう．(5.29) であたえられるローレンツ変換の生成子は空間回転と純粋なローレンツ変換の生成子 $\vec{S}$ および $\vec{R}$ として次のように書ける．

$$\vec{S} = \frac{-i}{2}(\pi\vec{\sigma}\xi - \xi^*\vec{\sigma}\pi^*)$$

$$\vec{R} = \frac{1}{2}(\pi\vec{\sigma}\xi + \xi^*\vec{\sigma}\pi^*) \tag{8.1}$$

空間反転では

$$\vec{S} \to \vec{S}, \qquad \vec{R} \to -\vec{R} \tag{8.2}$$

と変換をうけることが期待される．このためには ξ と π はそれぞれ次のように変換されればよい．

$$\xi_\alpha \to \xi'_\alpha = i(\sigma_2)_{\alpha\beta}\xi^*_\beta, \qquad \pi_\alpha \to \pi'_\alpha = i(\sigma_2)_{\alpha\beta}\pi^*_\beta$$

$$\xi^*_\alpha \to \xi^{*\prime}_\alpha = i(\sigma_2)_{\alpha\beta}\xi_\beta, \qquad \pi^*_\alpha \to \pi^{*\prime}_\alpha = i(\sigma_2)_{\alpha\beta}\pi_\beta \tag{8.3}$$

この変換で π と ξ の間の正準交換関係は変らない．しかもこれは点変換であるのでもっとも簡単な空間反転の定義である．この変換で剛体に固定された座標系の基準ベクトル $a^{(k)}_\mu$ $(k=1, 2, 3)$ はそれぞれ次のように変換される．

$$a^{(1)}_\mu \to -a^{(1)}_\mu, \qquad a^{(3)}_\mu \to -a^{(3)}_\mu$$

$$a^{(2)}_\mu \to a^{(2)}_\mu \tag{8.4}$$

これは静止系において $a^{(k)}_0=0$ で，$\vec{a}^{(k)}$ は第1章の (2.2) で与えられることをみれば容易にわかるであろう．同様にして，この triad のまわりの回転の生成子 $L^{(k)}$ $(k=1, 2, 3)$ は空間反転に対して

$$L^{(1)} \to -L^{(1)}, \qquad L^{(3)} \to -L^{(3)}$$

$$L^{(2)} \to L^{(2)} \tag{8.5}$$

のように変換する．ここで $L^{(1)}$, $L^{(2)}$ は重心の運動量 P_μ とベクトル $V^{(1)}_\mu$, $V^{(2)}_\mu$ の積で与えられているが，$L^{(3)}$ は $\xi\pi$ とその複素共役のみからなる内部変数だけでできている量である．したがって第3軸の 180° の変換をほどこすと

$$e^{i\pi L^{(3)}}L^{(1)}e^{-i\pi L^{(3)}} = -L^{(1)}$$

$$e^{i\pi L^{(3)}}L^{(2)}e^{-i\pi L^{(3)}} = -L^{(2)} \tag{8.6}$$

のようになる．これより，(8.5) で $L^{(1)}$ と $L^{(2)}$ の間のいずれかが符号を変える

ということが意味があり，$L^{(1)}$ が擬スカラーで $L^{(2)}$ がスカラーだということは空間反転の定義による．実際(8.3)の変換には位相について不定性があり，この選び方で $L^{(1)}$, $L^{(2)}$ の符号は逆転する．

空間反転に対するこの性質は前節で論じた二つの波動方程式と関係がある．$L^{(3)}$ の固有状態 $\Psi^{J,K}$ から出発して得た波動方程式は混合スピノル $f_{\alpha_1\cdots\alpha_n}{}^{\dot\beta_1\cdots\dot\beta_m}$ に対するクライン・ゴルドンの方程式で，$n=J+K$, $m=J-K$ と定った (n, m) をもっていた．これは斉次ローレンツ群の既約表示で波動関数が与えられることを意味し，一般化されたファインマン・ゲルマン方程式であり，空間反転の操作を含み得ない波動関数である．このことは $L^{(3)}$ が P と可換でないことから容易に理解できる．他方，$L^{(1)}$ または $L^{(2)}$ の固有状態 $\Psi_1^{J,K_1=J}$ から得た波動方程式は混合スピノル $f_{\alpha_1\cdots\alpha_n}{}^{\dot\beta_1\cdots\dot\beta_m}$ に対するフィールツ・ディラックの方程式で，$m+m=2J$ のみが定っていて，斉次ローレンツ群の可約表示の波動関数であり，空間反転を含むことのできるものである．このことは P と $L^{(1)}$ または $L^{(2)}$ が可換であるように P を定義できることから理解できる．

ここで簡単に2成分スピノル ξ_α を内部変数とした場合の $L^{(3)}$ の一つの解釈をあたえておこう．今次の二つの方程式を考える．

$$[P_\mu P^\mu - m^2(J)]\Psi = 0$$
$$[P_\mu V^{(1)\mu} - \lambda]\Psi = 0$$
$$M^2\Psi = m^2(J)\Psi, \qquad \lambda = m(J)K_1 \qquad (K_1 = -J, \cdots, +J) \tag{8.7}$$

これから $|K|=J$ の場合にディラック・フィールツ方程式を前節において導いた．(8.7)は

$$P_\mu \to -P_\mu, \qquad V_\mu^{(1)} \to V_\mu^{(1)\prime} = e^{i\pi L^{(3)}} V_\mu^{(1)} e^{-i\pi L^{(3)}} = -V_\mu^{(1)} \tag{8.8}$$

の変換に対して不変である．また，空間反転 P

$$P_0 \to P_0, \qquad \vec{P} \to -\vec{P}, \qquad V_0^{(1)} \to V_0^{(1)}, \qquad \vec{V}^{(1)} \to -\vec{V}^{(1)}$$

に対しても不変である．ただしこの場合は(8.3)の代りに

$$\xi \to \sigma_2\xi^*, \qquad \pi \to -\sigma_2\pi^*$$
$$\xi^* \to -\sigma_2\xi, \qquad \pi^* \to \sigma_2\pi \tag{8.9}$$

と位相因子をえらばねばならない．これにより $L^{(3)} \to -L^{(3)}$ であることはかわらない．(8.7)において，

$$\Psi = \Psi(+P_0 = \sqrt{\vec{P}^2 m^2(J)}, \ +\vec{P})$$

の解があれば,

$$e^{i\pi L^{(3)}}\Psi=\Psi'$$

は $P'_0=-\sqrt{\vec{P}^2+m^2(J)}$, $\vec{P}'=-\vec{P}$ をもつような解になっている. したがって,

$$\Psi''=Pe^{i\pi L^{(3)}}\Psi$$

は運動量 $\vec{P}$, エネルギー $-\sqrt{\vec{P}^2+m^2}$ をもつ解になっていることがわかる. このことから, $e^{i\pi L^{(3)}}$ は P_μ の波動関数を $-P_\mu$ にうつす変換であり, ちょうどディラック電子の場合の荷電共役 C に相当していることがわかる. しかし, (8.9) は, (8.3) に $e^{i\pi L^{(3)}}$ をほどこしたものであるから, CP 変換のようにみえる. このため, $e^{i\pi L^{(3)}}$ とからんで P 変換の定義を注意深く行うことが必要である.

最後に2成分スピノル ξ_α を内部変数とした場合の内部ローレンツ群について述べておく. この群のカシミル (Casimir) 演算子は二つあり [18],

$$C=-\vec{R}^2+\vec{S}^2=L^{(3)2}-Q^2-1$$
$$\tilde{C}=\vec{R}\cdot\vec{S}=QL^{(3)} \tag{8.10}$$

とあたえられる. 補助条件 $Q\Psi=0$ より, 今の場合

$$C=\left(\frac{n}{2}\right)^2-1,\qquad \tilde{C}=0\qquad \left(n=0,\pm1,\cdots\right) \tag{8.11}$$

の表現が用いられている. これはすべてユニタリー表現である. その基底ベクトルは (7.12) の Φ を用いて

$$\{\rho^{-1}\Phi^{JK}_M\}\qquad \left(K=\frac{n}{2}\text{ ときめて, } J=\left|\frac{n}{2}\right|, \left|\frac{n}{2}\right|+1,\cdots,\ M=-J,\cdots,+J\right) \tag{8.12}$$

である. 一般に expinor 表現は [18]

$$\{\rho^\lambda\Phi^{JK}_M\}\qquad (J=|K|, |K|+1,\cdots,\ M=-J,\cdots,+J;\ \lambda\text{ は複素数}) \tag{8.13}$$

を基底ベクトルとし, その場合

$$C=(\lambda+1)^2+K^2-1,\qquad \tilde{C}=i(\lambda+1)K$$
$$K=\frac{n}{2},\qquad \lambda\text{ 複素数} \tag{8.14}$$

で与えられる. 表現がユニタリーであるには $\lambda+1=i\mu$ (μ は実数) であり, 一般には非ユニタリーである. 前節では (8.12) の基底ベクトルを $\lambda=2J$ の (8.13) の有限次元表現の基底ベクトルに射影したわけである.

スケール変換の生成子 Q と可換である (π, ξ) の双1次形の演算子は次のものである．

$$\begin{aligned}
&T_{\mu\nu} = S_{\mu\nu} \qquad (\mu, \nu = 0, 1, 2, 3)\\
&S_{0k} = R_k, \qquad S_{ij} = S_k \qquad (i, j, k = 1, 2, 3)\\
&T_{4\mu} = V_\mu^{(1)}, \qquad T_{5\mu} = V_\mu^{(2)}, \qquad T_{45} = L^{(3)} = V^{(3)}\\
&\qquad \vec{R}, \vec{S} : \text{(8.1)で与えられている.}\\
&\qquad V_\mu^{(1)}, V_\mu^{(2)}, V^{(3)} : \text{(5.31)で与えられている.}
\end{aligned} \tag{8.15}$$

この $T_{ab} = -T_{ba}\,(a, b = 0, 1, 2, 3, 4, 5)$ は全体として閉じた代数をなし，$O(4, 2)$ 変換の生成子となっている．2成分スピノルを用いる点変換の群は $O(4, 2)$ であり，ローレンツ変換はその部分群として含まれている $O(3, 1)$ である．$O(4, 2)$ の既約表示で状態を分類すると便利なのは $I_0^{(r)}\,(r = 1, 2, 3)$ がすべて異なる場合であり，$I^{(1)} = I^{(3)}$ の場合は $O(4, 1)$ (生成子は $T_{ab} = S_{\mu\nu}, V_k^{(2)}$), $I^{(2)} = I^{(3)}$ の場合には $O(3, 2)$ $(T_{ab} = S_{\mu\nu}, V_k^{(1)})$ を用いればよい．そして $I^{(1)} = I^{(2)}$ の場合は $O(3, 1)$ $(T_{ab} = S_{\mu\nu})$ の既約表示を用いると便利であり，この場合についてはこの節で簡単にふれたところである．

第3章　無限成分波動方程式

前章において拡がりをもつ力学系の量子論として bi-local 場の力学模型と相対論的回転子について少しくわしく議論してきた．得られた波動関数はローレンツ群のユニタリー表現に属し，本質的に無限個の成分をもつ波動関数である．これは模型の特殊性によるものではなく，拡がりをもつ模型の一般的性質である．この章では，具体的な模型からラグランジュ関数を定めて，正準形式を経て量子論に移行するという手続きにこだわらずに，形式的見地から無限成分波動方程式を考え，その一般的な性質をみることにする．無限成分波動方程式の導入は，いろいろな立場から行われたが，ここでは拡がりをもつ模型の立場から考えていく．

形式的立場は波動方程式の設定の指導原理を欠いていて，主として簡単で質量スペクトルが非現実的になりすぎなく，形状因子が望ましいものを与えるというようなかなり漠然としたことを手がかりにして方程式をきめるため，必ずしも説得力のある議論ができないうらみはあるが，相互作用の導入も形式的にできるので，形状因子や簡単な散乱問題を取扱える可能性がある．しかし，場の理論は未だ満足のいく形で成立っていないので，ファインマン図を画き，適当な処方で S 行列を計算するという便宜的手段に頼らざるをえない．場の理論の建設を困難にしているのは，簡単な無限成分方程式は虚質量の解を含むか無限に縮退していることが多く，この物理的解釈が定まっていないことに原因があるように思える．この他に，局所場の理論と異なり CTP 不変性やスピンと統計の関係に異常があらわれる．また，交叉対称性は一般に成立する保証がない．

この章では，ローレンツ群の表現について概観したあとで，拡がりをもつ模型の立場から無限成分波動関数の必然性についてのべ，C, T, P 変換の特異性を調べることにする．具体的な例は比較的簡単に取扱えるものを二三あげるにとどめる．なお，形状因子などについては，次の章にゆずることにする．

§3.1 斉次および非斉次ローレンツ群の表現について [19]

ここではローレンツ群の表現について主要な結果をまとめて述べておく．

1) 斉次ローレンツ群

斉次ローレンツ変換の生成子を $M_{\mu\nu}$ とし

$$S_i = \frac{1}{2}\epsilon_{ijk}M_{jk}, \qquad R_i = M_{0i}$$

とすると二つのカシミル不変量 $C, \tilde{C}$ は

$$C = \vec{S}^2 - \vec{R}^2, \qquad \tilde{C} = \vec{S}\cdot\vec{R} \tag{1.1}$$

で与えられる．$\vec{S}, \vec{R}$ は次の交換関係をみたす．

$$[S_i, S_j] = i\epsilon_{ijk}S_k, \qquad [R_i, R_j] = -i\epsilon_{ijk}S_k$$
$$[S_i, R_j] = i\epsilon_{ijk}R_k \tag{1.2}$$

二つの不変量が存在するので二つのパラメターによって表現がきまる．$C, \tilde{C}$ は次のような (j_0, κ) の二つのパラメターであらわされる．

$$C = j_0{}^2 + \kappa^2 - 1, \qquad \tilde{C} = -ij_0\kappa$$
$$j_0：正の半整数または整数$$
$$\kappa：任意の複素数 \tag{1.3}$$

(j_0, κ) の既約表示では基底ベクトルを

$$|j\ m;\ j_0\ \kappa\rangle \tag{1.4}$$

とする．これは

$$\vec{S}^2|j\ m;\ j_0\ \kappa\rangle = j(j+1)|j\ m;\ j_0\ \kappa\rangle$$
$$S_3|j\ m;\ j_0\ \kappa\rangle = m|j\ m;\ j_0\ \kappa\rangle \tag{1.5}$$

のように定められている．ここで

$$m = -j, -j+1, \cdots, +j, \qquad j = j_0, j_0+1, j_0+2, \cdots \tag{1.6}$$

である．

表現がユニタリーの場合には次のような二つの場合がある．すなわち，

$$\left.\begin{array}{l} j_0 = 0, \frac{1}{2}, 1, \cdots \\ \kappa = 純虚数 \end{array}\right\} 主系列(\text{principal series})$$

$$\left.\begin{array}{l} j_0 = 0 \\ \kappa^2 < 1 \end{array}\right\} 副系列(\text{supplementary series}) \tag{1.7}$$

このいずれの場合も，無限次元の表現になる．

表現が有限次元である場合は κ が実数でしかも $|\kappa|$ が j_0 が整数か半整数かによって，同じように整数か半整数になる場合である．そのとき，とりうる j の値は

$$j = j_0, j_0+1, \cdots, |\kappa|-1$$

となる．たとえば，$j_0=\frac{1}{2}$，$\kappa=\frac{1}{2}$ は2成分のスピノルに相当する．$j_0=\frac{1}{2}$，$\kappa=-\frac{1}{2}$ は2成分スピノルの複素共役に対応し，$\kappa=+\frac{1}{2}$ と異なる表現であり，空間反転でこの両者は結ばれる．

例えば，相対論的回転子(第2章(8.10)参照)は，$\kappa=0$ の場合で，ユニタリー表現の主系列が全部あらわれる．もしこの場合補助条件 $Q|\Psi\rangle=0$ をとりのぞけばさまざまな表現がゆるされる．expinor 表現の λ(第2章(8.13)参照)は

$$\lambda+1 = \kappa \quad \text{または} \quad \lambda = \kappa-1$$

であるから λ が整数か半整数かの場合には表現が有限次元になる．

2) 非斉次ローレンツ群

斉次ローレンツ変換に時空間の推進変換を加えたものを非斉次ローレンツ変換群またはポアンカレ群とよび，相対論的な理論にとっては基本的な変換群である．これについては，たとえば大貫氏の『ポアンカレ群と波動方程式』[19]などを参照されたい．ここでは，主要な結果をとりまとめて列記することにする．

ポアンカレ群の生成子は10個で

$$P_\mu, \quad M_{\mu\nu}$$

からなる．P_μ は並進の生成子で，$M_{\mu\nu}$ はさきに与えたローレンツ変換の生成子である．$M_{\mu\nu}$ は一般に二つの部分に分割され次のようにあらわされる．

$$M_{\mu\nu} = P_\mu X_\nu - P_\nu X_\mu + m_{\mu\nu} \tag{1.8}$$

ここで $m_{\mu\nu}$ は P_μ, X_μ とは独立な内部変数に対するローレンツ変換の生成子であり，X_μ は P_μ に共役な座標で

$$[P_\mu, X_\nu] = ig_{\mu\nu} \tag{1.9}$$

をみたす．

ポアンカレ群の既約表現は次の二つのカシミル演算子の固有値で特徴づけられる．すなわち

$$P_\mu P^\mu = P_0{}^2 - \vec{P}^2 = M^2$$
$$W_\mu W^\mu = -M^2 s(s+1) \tag{1.10}$$

ここで

$$W_\mu = \frac{1}{2}\epsilon_{\mu\nu\rho\sigma}M^{\nu\rho}P^\sigma = \frac{1}{2}\epsilon_{\mu\nu\rho\sigma}m^{\nu\rho}P^\sigma \tag{1.11}$$

で，スピン・ベクトルまたはルバンスキーのベクトル (Lubanskian) と呼ばれている．この二つのベクトルの間には次のような交換関係が成り立つ．

$$[P_\mu, W_\nu] = 0$$
$$[W_\mu, W_\nu] = i\epsilon_{\mu\nu\rho\sigma}W^\rho P^\sigma \tag{1.12}$$

(1.10)の固有値は M^2 が静止質量，s は系のスピンという解釈が成り立つが，群の表現からは次のような分類がなされ，必ずしも物理的に解釈が可能な場合のみが得られるとは限らない．

(1)　$P_\mu P^\mu = M^2 > 0$，P_μ は時間的ベクトルの場合．

この場合は $P_\mu = (M, 0, 0, 0)$ の座標系がとれるので，スピン・ベクトル W_μ は

$$W_0 = 0$$
$$\vec{W} = M\vec{S}$$
$$-W_\mu W^\mu = \vec{W}^2 = M^2\vec{S}^2 \tag{1.13}$$

となり，(1.12)の交換関係は

$$[S_i, S_j] = i\epsilon_{ijk}S_k \tag{1.14}$$

と，よく知られた三次元回転群の生成子の代数を与えてくれる．この場合，基底ベクトルは

$$\vec{S}^2|j\ m\rangle_0 = j(j+1)|j\ m\rangle_0$$
$$S_3|j\ m\rangle_0 = m|j\ m\rangle_0 \tag{1.15}$$

で与えられることはよく知られている．

一般のローレンツ系では，(1.15)をローレンツ変換して得られる．質量 μ，スピン j_0 の場合，エネルギー・運動量 P_μ であるような基底ベクトルは

$$|P_\mu\ j\ m;\ \mu\ j_0\rangle = U(L^{-1}(p))|j_0\ m\rangle_0$$
$$P_\mu P^\mu = \mu^2$$
$$L(P)P_\mu = L_{\mu\nu}(P)P_\nu = (\mu, 0, 0, 0) \tag{1.16}$$

と与えられる．任意のローレンツ変換 Λ はこの基底ベクトルで

$$U(\Lambda)|P_\mu\, j\, m;\ \mu\, j_0\rangle = \sum_{m'=-j}^{j} D^j_{m,m'}(R(\Lambda, P))|\Lambda P_\mu\, j\, m';\ \mu\, j_0\rangle$$
$$R(\Lambda, P) = L(\Lambda P)\Lambda L^{-1}(P) \tag{1.17}$$

とあらわされる．ここで $D^j_{mm'}$ は $SO(3)$ の回転行列である．

今の議論は，一度静止系で考えて議論したが，一般に P_μ を変えないローレンツ変換のなす群(リトル・グループ little group という)を考えてやれば，このリトル・グループが今の場合 $(P_\mu P^\mu > 0)$ には $SO(3)$ になっている．そして，さきにのべたように $P_\mu P^\mu$ と $-W_\mu W^\mu$ はすなおに系の質量およびスピンをあたえると解釈できる．

(2) $P_\mu P^\mu = 0$ の場合 $(P_\mu \neq 0)$．

この場合は静止質量がゼロの場合であり，この場合のリトル・グループは二次元のユークリッド群(二次元の回転と平行移動)になっていることが次のようにしてわかる．まず $P_\mu = (1, 0, 0, 1)$ ととると，

$$W_0 = S_3, \qquad W_3 = S_3$$
$$W_1 = S_1 - R_2, \qquad W_2 = S_2 + R_1 \tag{1.18}$$

であり

$$[W_3, W_1] = iW_2, \qquad [W_3, W_2] = -iW_1$$
$$[W_1, W_2] = 0 \tag{1.19}$$

となることからわかる．この場合

$$W_1{}^2 + W_2{}^2$$

の値により表現がきまる．このユニタリー表現はいわゆるゼロ質量の通常のスピンの場合のほかに連続スピンといわれる表現もあるがここではこれ以上ふれない [19]．

(3) $P_\mu P^\mu = -\mu^2 (<0)$, P_μ は空間的ベクトル．

この場合のリトル・グループは $SO(2, 1)$ (三次元ローレンツ群) になる．まず $P_\mu = (0, 0, 0, \mu)$ $(P_\mu P^\mu = -\mu^2)$ ととると

$$T_0 = W_0/\mu = S_3, \qquad T_1 = W_1/\mu = R_1, \qquad T_2 = W_2/\mu = R_2$$
$$W_3 = 0 \tag{1.20}$$

であり

$$[T_0, T_1] = iT_2, \qquad [T_0, T_2] = -iT_1, \qquad [T_1, T_2] = -iT_0 \tag{1.21}$$

という交換関係があたえられる．また

$$T_0{}^2 - T_1{}^2 - T_2{}^2 = W_\mu W^\mu / \mu^2 \tag{1.22}$$

でこれは $SO(2,1)$ のカシミル演算子である．このユニタリー表現については前にあげた教科書[19]を参照して頂くことにしてこれ以上ふれないことにする．

この場合は虚質量の場合で，いわゆるタキオン (tachyon) などがこれにあたり，物理的解釈のむつかしい表現である．

(4) $P_\mu=0$ の場合．

この場合はリトル・グループが四次元のローレンツ群そのものであり，その表現については先に述べたのでここではくりかえさない．ただ，このような推進不変な表現は真空状態が対応しうることを注意しておく．通常の場の理論ではトリビアルな表現をとるが，もし，真空中に仮想的なエーテルの存在を仮定した場合には，一般には $P_\mu=0$ のポアンカレ群の表現のうちの適当なものを対応させることも考えられる．

§3.2 内部運動とローレンツ群のユニタリー表現*)

拡がりをもつ物体は，その物体が時空間のどこに存在するかをあらわす座標 X_μ のほかに，内部運動を記述するための内部座標 ξ をいくつか必要とする．bi-local 場の場合の相対座標 $x_\mu^{(1)} - x_\mu^{(2)} = x_\mu$ がその例である．したがって，拡がりをもつ物体は基本的な運動学的変数として

$$(X_\mu;\ \xi_1, \xi_2, \cdots, \xi_n) \tag{2.1}$$

をもつ力学系と考えてよい．この物体が四次元的時空間で運動をしているため，並進変換に対して

$$X_\mu \to X_\mu + \varepsilon_\mu, \qquad \xi_k \to \xi_k \tag{2.2}$$

ローレンツ変換に対して

$$\begin{aligned} &X_\mu \to L_\mu{}^\nu X_\nu, \qquad \xi_k \to (V(L)\xi)_k \\ &L_\mu{}^\nu L_\nu{}^\rho = \sigma_\mu{}^\rho \end{aligned} \tag{2.3}$$

と X_μ は座標として変換をうけ，ξ はある定まった規則に従って変換をうける．一般には，ξ は必ずしも線型変換に従うとは限らない．例えば，オイラー角の

*) この節の議論は文献[4]の Takabayasi の論文を参照されたい．

場合は複雑な変換をうける．しかし，簡単のために以下では主に線型変換をうけるテンソルまたはスピノルを考えることにする．

(2.1)の座標に対して，正準形式においては，正準運動量として

$$(P_\mu;\ \pi_1, \pi_2, \cdots, \pi_n) \tag{2.4}$$

が存在する．ここで(2.1)と(2.4)の量の間には次の交換関係が成立つ．

$$[P_\mu, X_\nu] = +ig_{\mu\nu}, \qquad [\pi_k, \xi_l] = -i\delta_{kl}$$
$$[P_\mu, \xi_k] = [X_\mu, \pi_k] = 0$$
$$[P_\mu, \pi_k] = [X_\mu, \xi_k] = 0 \tag{2.5}$$

さて，一般に，内部変数とその共役運動量(ξ, π)の間の変換で(2.5)の交換関係を保つ変換は，古典論においては正準変換と呼ばれ群をなしていることはよく知られている．量子論においては，あまり複雑な正準変換を量子論的に翻訳するのはむつかしいが，(ξ, π)の一般の線型正準変換は容易に量子論でも考えることができる．この線型変換を簡単に内部運動群G^{in}と呼ぶことにする．内部運動群G^{in}は内部ローレンツ群（内部変数に対するローレンツ変換群）L^{in}を含んでいる．したがって，G^{in}は必然的にノン・コンパクトである（L^{in}はノン・コンパクトであるから）．他方，運動状態をあらわす波動関数ψは

$$\psi = \psi(X;\ \xi_1, \cdots, \xi_n)$$

とξの関数であり，波動関数は内部変数ξに関して2乗可積分であるのが量子力学における一般的性質である．このことは波動関数の属する空間がヒルベルト空間になっていることを意味する．

さて，ローレンツ変換により内部変数は一定の変換をうけるので，波動関数もそれに応じて

$$\psi \to \psi' = U^{\mathrm{in}}(L)\psi$$

と変換をうける．この変換は通常の量子力学的処方に従えばユニタリー変換であり，ψ'もまた許される一つの状態をあらわしている．このことは，状態空間はまた内部ローレンツ群の表現空間でもあることを意味する．状態空間はヒルベルト空間であるので，L^{in}の表現はユニタリー表現になっている．（より一般的には内部運動群G^{in}のユニタリー表現をあたえる．） L^{in}はノン・コンパクトであるから表現は必然的に無限次元表現になっているはずである．

以上のことをもう少し具体的に考えてみよう．まず，ディラックの記法に従

って波動関数 $\psi(X,\xi_1\cdots\xi_n)$ は

$$\psi(X,\xi)=\langle X\,\xi\,|\,\psi\rangle$$

とし，局所内積を

$$
\begin{aligned}
(\psi,\varphi)_X &= \int d\xi\,\psi^*(X,\xi)\varphi(X,\xi)\\
&= \int d\xi\langle\psi\,|\,X,\xi\rangle\langle X,\xi\,|\,\varphi\rangle\\
d\xi &= d\xi_1\cdots d\xi_n
\end{aligned}
\tag{2.6}
$$

と定義する．O を内部変数のみの演算子とすると，そのエルミット共役 O^* は

$$(\psi,O\varphi)_X=(O^*\psi,\varphi)_X \tag{2.7}$$

と定義される．

さて，内部運動群 G^{in} は (ξ,π) の線型変換としたからその生成子は

$$\xi_k\xi_l,\quad \pi_k\pi_l,\quad \frac{1}{2}(\xi_k\pi_l+\pi_l\xi_k) \tag{2.8}$$

の $n(2n+1)$ 個である．(これは $\mathrm{Sp}(nR)$ と記されるシンプレクティック群である．) これらの生成子を $F_r\,(r=1,\cdots,n(2n+1))$ とすれば，無限小変換では任意の (ξ,π) の関数 H は

$$H\ \rightarrow\ H+i\sum_r\varepsilon_r[F_r,H] \tag{2.9}$$

と変換される．いま (ξ,π) の代りに

$$a_k=\frac{1}{\sqrt{2}}(\xi_k+i\pi_k),\qquad a_k^*=\frac{1}{\sqrt{2}}(\xi_k-i\pi_k) \tag{2.10}$$

とすれば，

$$[a_k,a_l^*]=\delta_{kl},\qquad [a_k,a_l]=0 \tag{2.11}$$

で，演算子

$$n_k=a_k^*a_k \tag{2.12}$$

の固有値は，よく知られているように，

$$0,1,2,\cdots$$

の整数である．そして，その固有関数はよくしられたエルミット関数であり，正規完全直交系をなしている．したがって，波動関数を ξ の関数としてあらわ

すかわりに

$$\psi(X, m_1, m_2, \cdots, m_n) = \langle X, m_1, \cdots, m_n | \psi \rangle \tag{2.13}$$

とあらわせば，これは状態のベクトル表示で，m_k はそれぞれ $(0, 1, \cdots)$ であるので無限個の成分をもつ．また局所内積は

$$(\psi, \varphi)_X = \int du \langle \psi | X, u \rangle \langle X, u | \varphi \rangle$$

$$= \sum_{m=0}^{\infty} \psi^*(X, m) \varphi(X, m) \tag{2.14}$$

となることも容易にわかる．

ローレンツ変換に対しては

$$\psi \rightarrow \psi'(X, \xi) = U\psi(X, \xi) = \psi(L^{-1}X, V^{-1}\xi) \tag{2.15}$$

と変換するが，今内部変換 L^{in} のみを考えれば

$$\psi'(X, \xi) = U^{\mathrm{in}}\psi(X, \xi) = \psi(X, V^{-1}\xi)$$

と変化する．したがって，U^{in} の行列要素は，

$$(\varphi, U^{\mathrm{in}}\psi)_X = \int d\xi \varphi^*(X, \xi) U^{\mathrm{in}} \psi(X, \xi)$$

$$= \sum_{m, m'} \varphi^*(X, m) \langle m | U^{\mathrm{in}} | m' \rangle \psi(X, m') \tag{2.16}$$

とあたえられる．(2.16) の $\langle m | U^{\mathrm{in}} | m' \rangle$ が無限次元行列でユニタリーである．このことは以下の節で具体的にみることにして，一般的な議論はここでやめておく．

以上みてきたように，拡がりをもつ対象を相対論的に取り扱い量子論の枠で考えれば，無限成分波動関数がでてくるのが自然であることがわかった．しかし，以下ではユニタリー表現に必ずしもこだわらずに，簡単な無限成分波動関数について考えてみることにする．

§3.3　マヨラナ(Majorana)の方程式

ユニタリー表現を用いた波動方程式は 1930 年代のはじめにマヨラナによって与えられた(1932, [20])．これはディラックの方程式とあいついで提唱された方程式で，その波動関数はマヨラナ表現と呼ばれるローレンツ群のユニタリー表現になっている．ここでは歴史的意味よりはその取扱いが簡単であるとい

う理由からまずマヨラナ表現についてのべよう.

まず2組の調和振動子(a_α, a_α^*; $\alpha=1,2$)を導入しよう. これらは

$$[a_\alpha, a_\beta^*] = \delta_{\alpha\beta}, \qquad [a_\alpha, a_\beta] = 0 \tag{3.1}$$

をみたすとする. これらの演算子の双1次形式は次の10個である.

$$S_i = \frac{1}{2}a^*\sigma_i a \qquad (i=1,2,3) \tag{3.2a}$$

$$R_i = \frac{1}{4}[a^{\mathrm{T}}\sigma_2\sigma_i a + \mathrm{h.c.}] \qquad (i=1,2,3) \tag{3.2b}$$

$$V_0 = \frac{1}{2}(a^*a+1), \qquad V_i = \frac{i}{4}[a^{\mathrm{T}}\sigma_2\sigma_i a - \mathrm{h.c.}] \tag{3.2c}$$

σ_i はパウリ行列, $\quad a = \begin{pmatrix} a_1 \\ a_2 \end{pmatrix} \quad$ (h. c. : Hermite conjugate)

このうち, $(\vec{S}, \vec{R})$ はローレンツ群の生成子の代数をみたし, (V_0, V_i) は四元ベクトルの変換性を示す. そして, ローレンツ群のカシミル演算子は

$$C = \vec{S}^2 - \vec{R}^2 = -\frac{3}{4}, \qquad \tilde{C} = \vec{R}\cdot\vec{S} = 0 \tag{3.3}$$

である. これは前節の一般論で

$$\left(\kappa=0,\ j_0=\frac{1}{2}\right) \ \text{または}\ \left(\kappa=\frac{1}{2},\ j_0=0\right) \tag{3.4}$$

の場合で$\left(\kappa=0,\ j_0=\frac{1}{2}\right)$は主系列, $\left(\kappa=\frac{1}{2},\ j_0=0\right)$は副系列のユニタリー表現になっている.

この演算子を用いて基底ベクトルを

$$\begin{aligned} |l,m\rangle &= \frac{1}{\sqrt{(l+m)!(l-m)!}}(a_1^*)^{l+m}(a_2^*)^{l-m}|0\rangle \\ a_\alpha|0\rangle &= 0 \\ m &= -l, -l+1, \cdots, +l, \\ l &= 0,1,2,\cdots \ \text{または}\ \frac{1}{2},\frac{3}{2},\frac{5}{2},\cdots \end{aligned} \tag{3.5}$$

とすれば, $|l,m\rangle$ は, l を固定したとき, 空間回転の既約表示の基底ベクトルになっている. また, ローレンツ変換の生成子 $\vec{R}$ は a_α と a_α^* の双1次形式であり, 必ず励起状態の数 $n=a_1^*a_1+a_2^*a_2$ を2個ずつ変えるので, l が整数の状態

と半整数の状態がローレンツ変換によって混ることはない．(3.4)の二つの既約表示はこの整数スピンの組と半整数スピンの組に対応している．

前節において，$U^{\mathrm{in}}(L)$ は無限次元行列であるとのべたが，この例でわかるように，ローレンツ変換の生成子 $\vec{R}$ は n を ± 2 だけ必ず変えるので $U^{\mathrm{in}}(L)$ は一般に任意の基底ベクトル (l, m) と (l', m') の行列要素がのこる．すなわち，

$$\langle l'\, m' |\, \exp[i\vec{\omega}_0 \vec{R} + i\vec{\omega}\vec{S}] | l\, m\rangle \tag{3.6}$$

は $\vec{\omega}_0, \vec{\omega}$ を適当にとればゼロではなくなる．

さて，このような無限成分波動関数 $|\psi(X)\rangle$ を用いて，マヨラナが提唱した方程式は

$$(P_\mu V^\mu - \kappa_0)|\Psi\rangle = 0, \qquad P_\mu = \frac{1}{i}\frac{\partial}{\partial X^\mu} \tag{3.7}$$

であった．これはディラックの方程式と同じく P_μ について1次の波動方程式である．P_μ の固有値が時間的な場合は P_μ を $(E, 0, 0, 0)$ ととることができて，(3.7)は

$$(EV_0 - \kappa)|\Psi\rangle = 0 \tag{3.8}$$

となり，(3.3c)より

$$E = m = \frac{\kappa_0}{\frac{1}{2}n + \frac{1}{2}} = \frac{\kappa_0}{l + \frac{1}{2}} \tag{3.9}$$

となる．ここで $l = \dfrac{n}{2}$ は状態のスピンを与えることは

$$\vec{S}^2 = \frac{n}{2}\left(\frac{n}{2} + 1\right), \qquad n = a^* a = a_1^* a_1 + a_2^* a_2 \tag{3.10}$$

となることからわかる．これはスピンが大きくなると質量が小さくなるという奇妙なスペクトルである．このほかに，(3.7)は P_μ の固有値が空間的であるような解も存在する．この空間的解についてはこの節の後の方で述べることにして，時間的解の質量スペクトルをスピンと共に増大するように方程式を変更しておこう．それには

$$(P_\mu P^\mu - \kappa_0 P_\mu V^\mu)|\Psi\rangle = 0 \tag{3.11}$$

とすればよい．こうすれば $P_\mu = (E, 0, 0, 0)$ ととって

$$E^2-\kappa_0 E\left(l+\frac{1}{2}\right)=0 \tag{3.12}$$

の固有値方程式を得て

$$E=0 \quad \text{または} \quad E=\kappa_0\left(l+\frac{1}{2}\right) \tag{3.13}$$

をうる．こうして，ゼロ質量の解と同時にスピンと共に1次で増加する質量スペクトルを得て，レッジェ理論の傾向に近くなる*)．さらに高階微分の方程式をとれば，質量の2乗がスピンと共に1次で増大するものも得られる．たとえば

$$[(P_\mu P^\mu)^3-\kappa_0{}^2(P_\mu V^\mu)^2]|\Psi\rangle=0 \tag{3.14}$$

では

$$m^2=0, \qquad m^2=\kappa_0\left(l+\frac{1}{2}\right) \tag{3.15}$$

となるが，方程式があまりにも高い微分を含んでいて好ましいとはいえない．しかし，これは空間的な解($P_\mu P^\mu<0$)をもたないという長所がある．

(3.14)の微分の階数をさげるために，波動関数としてマヨラナ表現とディラックの4成分スピノル表現の直積を用いることにすれば，次のように微分の階数が半分に減る．

$$[(P_\mu\gamma^\mu)(P_\mu P^\mu+\Delta)-\kappa P_\mu V^\mu]\Psi=0 \tag{3.16}$$

こうすれば，$P_\mu P^\mu>0$ では $P_\mu=(E,0,0,0)$ ととって

$$[E\gamma_0(E^2+\Delta)-\kappa E V_0]\Psi=0 \tag{3.17}$$

となり

$$\begin{aligned} E^2&=m^2=\kappa(J+1)-\Delta \\ E^2&=m^2=\kappa J-\Delta \\ E&=m^2=0 \end{aligned} \tag{3.18}$$

の質量スペクトルをうる．これはやはり $P_\mu P^\mu<0$ の解は含まない．このことは $P_\mu=(0,0,0,P_3)$ としてみれば容易にわかる．

最後に，P_μ が空間的な場合を論ずるのに便利な表示について述べておく．

---

*) (3.11)を $[P^2-\kappa_0 P_\mu V^\mu-\kappa_1{}^2]\Psi=0$ とすることによりわかるように，ゼロ質量の解はスピンと共に減少するスペクトルの極限になっている．

a, a^* を

$$a_\alpha = \frac{1}{\sqrt{2}}(x_\alpha + ip_\alpha), \qquad a_\alpha^* = \frac{1}{\sqrt{2}}(x_\alpha - ip_\alpha)$$

$$[p_\alpha, x_\beta] = -i\delta_{\alpha\beta} \tag{3.19}$$

とおき，内部波動関数 $u(x)$ を

$$\langle x|\Psi\rangle = u(x) \tag{3.20}$$

と定義すると

$$\langle x|a_\alpha|\Psi\rangle = \frac{1}{\sqrt{2}}\left(x_\alpha + \frac{\partial}{\partial x_\alpha}\right)u$$

$$\langle x|a_\alpha^*|\Psi\rangle = \frac{1}{\sqrt{2}}\left(x_\alpha - \frac{\partial}{\partial x_\alpha}\right)u \tag{3.21}$$

となる．ここで，x_α を二次元の極座標であらわせば，

$$x_1 = r\cos\varphi, \qquad x_2 = r\sin\varphi \tag{3.22}$$

で，(r, φ) を用いて (3.2a, b) の生成子のうち S_2, R_1, R_3 は

$$S_2 = \frac{1}{2}\frac{1}{i}\frac{\partial}{\partial\varphi}$$

$$R_1 + iR_3 = \frac{-1}{2}e^{-2i\varphi}\left[\frac{\partial}{\partial\varphi} + ir\frac{\partial}{\partial r}\right]$$

$$R_1 - iR_3 = \frac{1}{2}e^{2i\varphi}\left[\frac{\partial}{\partial\varphi} - ir\frac{\partial}{\partial r}\right] \tag{3.23}$$

と与えられ (S_2, R_1, R_3) は $SO(2,1)$ の生成子になっている．$P_\mu = (0, 0, P_2, 0)$ ととった場合のスピン・ベクトル W_μ が $(S_2, R_1, 0, R_3)$ となっているので，この $SO(2,1)$ のカシミル演算子の固有値からスピンがきめられる．それを求めると

$$S_2^2 - R_1^2 - R_3^2 = \frac{1}{2}\left(r\frac{\partial}{\partial r}\right)\left[\frac{1}{2}\left(r\frac{\partial}{\partial r}\right) + 1\right] \tag{3.24}$$

で，この固有関数は

$$u_\alpha^m = \text{const.}\, r^{2\alpha}e^{-i2m\varphi} \tag{3.25}$$

となり，(3.24) の固有値は

$$\alpha(\alpha+1) \tag{3.26}$$

であたえられる．$\alpha = -\dfrac{1}{2} + i\mu$ (μ は実数) とすると，(3.26) の固有値は実数になり，また (3.25) の固有関数は完全系をなすことはメラン (Mellin) 変換の理論

から容易にわかる.

さて，マヨラナの方程式(3.7)の空間的な P_μ の場合の解を考えよう．いま $P_\mu=(0, 0, P_2, 0)$ ととると，(3.7)は

$$[-P_2V_2-\kappa_0]|\psi\rangle=0 \tag{3.27}$$

となるが，今の極座標を用いると

$$V_2=i\frac{1}{2}\left(r\frac{\partial}{\partial r}+1\right) \tag{3.28}$$

であるから，(3.27)の波動関数 $\langle x|\psi\rangle=u(x)=u(r,\varphi)$ に対する方程式は

$$\frac{i}{2}r\frac{\partial}{\partial r}u=-\left(\frac{\kappa_0}{P_2}+\frac{i}{2}\right)u \tag{3.29}$$

となり $u\propto r^{-1+i\mu}e^{-im\varphi}$ とおくと

$$\mu=\frac{\kappa_0}{P_2} \tag{3.30}$$

となり，質量スペクトルは

$$m=\frac{\kappa_0}{\alpha+\frac{1}{2}},\qquad \alpha=-\frac{1}{2}+i\mu \tag{3.31}$$

で，(3.9)のスピンを α でおきかえたものになる．そして質量は純虚数である.

(3.14)および(3.16)は空間的な P_μ をもつ解は存在しない．これは(3.25)の形の解で $r\to0$ と ∞ における境界条件から $2\alpha=-1+i\mu$ になるために V_2 の固有値が実数になるからであって，この固有値を複素数として境界条件をはずせば，解は存在する．このようにした場合，$SO(2,1)$ の表現がユニタリーにならない.

§3.4 無限成分波動関数の *P*, *T*, *C* 変換

無限成分波動関数についての空間反転 P，時間反転 T および荷電共役 C の変換は，通常の場の理論と異なっていろいろな場合が生じ，CTP 定理は必ずしも成立しない．この節では CTP の変換を運動学的な見地から一般的にとりあつかって，CTP 定理の成り立つ場合，成り立たない場合を例をあげて示すことにする.

1)　空間反転 P

ローレンツ群の表現をきめる二つのパラメター (j_0, κ) はカシミル不変量と次のように関係している.

$$C = \vec{S}^2 - \vec{R}^2 = j_0{}^2 + \kappa^2 - 1, \qquad \tilde{C} = \vec{R}\cdot\vec{S} = -ij_0\kappa \tag{4.1}$$

空間反転 P によって, 生成子は

$$P\vec{S}P^{-1} = \vec{S}, \qquad P\vec{R}P^{-1} = -\vec{R} \tag{4.2}$$

と変るから, $C, \tilde{C}$ はそれぞれ

$$C \to C, \qquad \tilde{C} \to -\tilde{C} \tag{4.3}$$

と変換される. したがって, P を自己同型変換として含みうる最小の表現空間は次の二つの場合がある.

i)　$j_0\kappa = 0$ の場合　　$\mathscr{H}^{\tau}$

ii)　$j_0\kappa \neq 0$ の場合　　$\mathscr{H}^{\tau} \oplus \mathscr{H}^{\tau_s}$　(4.4)

ここで $\tau \equiv (j_0, \kappa)$, $\tau_s \equiv (j_0, -\kappa)$, $\mathscr{H}^{\tau}$ は (j_0, κ) をもつローレンツ群の既約表示をあたえる表現空間とする. いま, $\mathscr{H}^{\tau}$ の表現の基底ベクトルとして, カノニカル基底を用いることにすれば, 上の二つの場合で P は次のようにあらわされる.

i) の場合　　$P|j\ m;\ \tau\rangle = \eta(-1)^j|j\ m;\ \tau\rangle$

$\eta^2 = 1$

ii) の場合　　$P|j\ m;\ \tau\rangle = \eta_1(-1)^j|j\ m;\ \tau_s\rangle$

$P|j\ m;\ \tau_s\rangle = \eta_2(-1)^j|j\ m;\ \tau\rangle$

$\eta_1\eta_2 = 1, \qquad |\eta_1| = |\eta_2| = 1$　(4.5)

2)　時間反転 T

時間反転としてはウィグナー型の時間反転をとることにすれば, この操作は反ユニタリーな操作で複素共役をとるという操作 K を含むことになる. いま

$$T = \tilde{T}K \tag{4.6}$$

とおき, $\tilde{T}$ はユニタリー演算子とする. 運動学的見地から時間反転 T により, ローレンツ群の生成子は

$$T\vec{S}T^{-1} = -\vec{S}, \qquad T\vec{R}T^{-1} = \vec{R} \tag{4.7}$$

と変換をうけるから, ローレンツ群のユニタリー表現では次の二つの場合が T の最小の表現空間になりうる.

i)　$j_0\mu=0$ の場合　　$\mathscr{H}^{\tau}$

ii)　$j_0\mu\neq 0$ の場合　　$\mathscr{H}^{\tau}\oplus\mathscr{H}^{\tau_t}$

$$\tau=(j_0,\mu)\qquad \tau_t=(j_0,-\mu) \tag{4.8}$$

そして T はそれぞれの場合に次のような操作になる.

i) の場合　$|j\ m\ \tau\rangle \rightarrow \varepsilon(-1)^{j+m}|j\ -m\ \tau\rangle^*,\qquad |\varepsilon|^2=1$

ii) の場合　$|j\ m\ \tau\rangle \rightarrow \varepsilon_1(-1)^{j+m}|j\ -m\ \tau_t\rangle^*$

$$|j\ m\ \tau_t\rangle \rightarrow \varepsilon_2(-1)^{j+m}|j\ -m\ \tau\rangle^* \tag{4.9}$$

$$\varepsilon_1\varepsilon_2=1,\qquad |\varepsilon_1|=|\varepsilon_2|=1$$

ここで $m\rightarrow -m$ と変わるのは (3.7) のように $S_3\rightarrow -S_3$ と変化するからである. ユニタリー表現以外の場合を含む一般の場合も類似の操作で与えられるが, これについては文献にゆずることにする [21].

3)　荷電共役 C

荷電共役 C については P, T の場合と異なり (4.2) や (4.7) のような運動学的な制約がない. 今, 波動関数 ψ はローレンツ群のある表現空間の要素とする. そしてその複素共役 ψ^* を考えたときに, ある線型演算子 C が存在して

$$\psi_C = C\psi^* \tag{4.10}$$

なる波動関数がまた ψ と同じ表現空間に属するとしよう. すなわち, ψ と ψ_C がローレンツ変換に対して同じ仕方で変換をうけるとする. この操作を荷電共役 C と呼ぶことにする. したがって, C の最小の表現空間は P, T と同じく二つの場合が存在する.

i)　$\tau=(j_0,\mu)=(0,\pm\mu^*)$ または $\tau=(j_0\neq 0,\mu)=(j_0\neq 0,-\mu^*)$ の場合　$\mathscr{H}^{\tau}$

ii)　$\tau=(j_0,\mu)$, $\tau_C=(j_0,-\mu^*)$, $(\mu\neq -\mu^*)$ の場合　$\mathscr{H}^{\tau}\oplus\mathscr{H}^{\tau_C}$

(4.11)

この定義は非ユニタリー表現を含む. 例えば, ディラックのスピノルは $\tau=(1/2, 3/2)$, $\tau_C=(1/2, -3/2)$ の ii) の場合で, よく知られているように C 変換を許す. しかし, $\mathscr{H}^{\tau}[\tau=(1/2, 3/2)]$ は2成分スピノルで C 変換は定義されない.

ユニタリー表現に限れば, 主系列においては $\mu=-\mu^*$ であり, 副系列では $j_0\mu=0$, $\mu^*=\mu$ であるので, (4.11) の i) の場合に相当する. すなわち, ユニタリー既約表現においては必ず C 変換が定義できる. そして, この場合, 次のような操作として与えられる.

$$C : |j, m, \tau\rangle \to \eta_C(-1)^{2j+m}|j, -m, \tau\rangle^* \tag{4.12}$$
$$|\eta_C|^2 = 1$$

この操作によって，ローレンツ群の生成子は

$$\vec{S} \to -\vec{S}, \quad \vec{R} \to -\vec{R} \tag{4.13}$$

となる．(4.12) および (4.13) の結果を示すには，$\vec{S}, \vec{R}$ のカノニカル基底による表示を用いればよいが，ここではスピノル座標を用いた表示第2章(8.1)と(7.23)を用いると容易にこの二つの結果が成立つことをみることができることを指摘するにとどめる．

ユニタリー表現では C が必ず存在するので j_0 が整数である1価表現の場合には必ず C の固有状態をつくることができる．これは基底ベクトルとして実数のベクトルがつくれることを意味する．

ユニタリー表現では

$$\sum_{l,m}(\psi^*_{lm}\psi_{lm}) = (\psi^*\cdot\psi) \tag{4.14}$$

が不変量であるが，これに対し

$$(\psi^*_C, \psi) = \eta_C(-1)^{2j_0}\sum_{lm}(-1)^m\psi_{j,-m}\psi_{j,m} \tag{4.15}$$

もまた不変量になることは明らかである．

なお，P, T, C についてユニタリー表現に限れば次の性質が示せる．

$$PT = (-1)^{2j_0}TP$$
$$PC = (-1)^{2j_0}CP$$
$$P^2 = T^2 = C^2 = (-1)^{2j_0} \tag{4.16}$$

この証明は読者にまかせることにしよう [21].

4) マヨラナ表現における P, T, C

マヨラナ表現は $(j_0, \mu) = \left(\frac{1}{2}, 0\right)$ または $\left(0, \frac{1}{2}\right)$ であるので，P, T, C のすべての操作が許される．そして，(3.2) であたえられているように，$\vec{S}, \vec{R}$ のほかに V_μ が存在するが，この P, T, C による変換則は

$$PV_0P^{-1} = V_0, \quad P\vec{V}P^{-1} = -\vec{V}$$
$$TV_0T^{-1} = -V_0, \quad T\vec{V}T^{-1} = +V$$
$$CV_\mu C^{-1} = V_\mu \tag{4.17}$$

である．これを用いるとマヨラナの方程式(3.7)は P および T 不変であるが，C 不変ではない．C 不変でないことは(3.7)が $P_0>0$ の解をもち，$P_0<0$ の解をもたないことと関係がある．一般に，この事情は次のように理解できるであろう．波動方程式の定常解は e^{-iEt} の形をしている．この解の複素共役はしたがって e^{+iEt} となる．C 変換はしたがって正エネルギー解と負エネルギー解のいれかえを意味するが，方程式が負エネルギーの解をもたなければ，この操作をしても波動関数は方程式の解にならない．マヨラナ方程式はエネルギーの符号について非対称になっている．

なお，以下の各方程式について P, T, C の性質を表にしておく．

$$(P_\mu V^\mu - \kappa_0)\psi = 0 \tag{3.7}$$

$$\left(\gamma_\mu P^\mu - \frac{1}{2}\kappa_0 \gamma_\mu V^\mu\right)\psi = 0 \tag{4.18}$$

$$\left(\gamma_\mu P^\mu - \frac{i}{2}\kappa_0 \gamma_5 \gamma_\mu V^\mu\right)\psi = 0 \tag{4.19}$$

$$\left(\gamma_\mu P^\mu - \frac{\kappa_0}{4}[\gamma_\mu, \gamma_\nu][V^\mu, V^\nu]\right)\psi = 0 \tag{4.20}$$

$$[V^\mu, V^\nu] = S^{\mu\nu}$$

ここで波動関数 ψ はマヨラナ表現とディラック表現の直積であるとする．これらの方程式の $P_\mu P^\mu>0$ の解の固有値も表にまとめておく．

	P	T	C	PC	PTC	質量とスピンの関係
(3.7)	○	○	×	×	×	$m_j = \kappa_0 \Big/ \left(i+\frac{1}{2}\right)$
(4.18)	○	○	×	×	×	$m = \kappa_0\left(j+\frac{1}{2}\right),\ \kappa_0\left(j-\frac{1}{2}\right)$
(4.19)	×	○	○	×	×	$m = \kappa_0\left(j+\frac{1}{2}\right),\ -\kappa_0\left(j+\frac{1}{2}\right)$
(4.20)	○	○	○	○	○	$m = \pm\kappa_0\left\{\sqrt{\left(j+\frac{1}{2}\right)^2+\frac{3}{4}} \pm \left(j+\frac{1}{2}\right)\right\}$

この表から無限成分方程式では C, T, P についていろいろな場合があることがわかるであろう．なお表の質量公式の導出は文献をみるなり，練習問題としてやるなりして頂きたい．

§3.5 スピノル模型*)

第2章§2.7で考えた相対論的回転子で，波動関数は2成分スピノル ξ_α の関数であった．ここでは内部変数としてこの ξ_α を考えた場合を具体的な模型にこだわらずに考えてみることにする．

内部ローレンツ群の生成子は第2章(5.29)で与えられているが，これは第2章(8.1)で与えられているように

$$\vec{S} = \frac{-i}{2}(\pi\vec{\sigma}\xi - \xi^*\vec{\sigma}\pi^*)$$

$$\vec{R} = \frac{1}{2}(\pi\sigma\xi + \xi^*\vec{\sigma}\pi^*) \tag{5.1}$$

である．また

$$V^{(3)} = \frac{-i}{2}(\pi\xi - \xi^*\pi^*), \qquad Q = \frac{1}{2}(\pi\xi + \xi^*\pi^*) \tag{5.2}$$

はすでに述べたように内部不変量である．そして，カシミル不変量は(8.10)で与えられているように

$$C = (V^{(3)})^2 - Q^2 - 1, \qquad \tilde{C} = V^{(3)}\cdot Q \tag{5.3}$$

である．$V^{(3)}$ の固有値 K_3 は

$$K_3 = 0, \pm\frac{1}{2}, \pm 1, \cdots \tag{5.4}$$

であり，Q の固有値と固有関数は

$$\rho^{-1+i\mu} \qquad (\mu = \text{実数}) \tag{5.5}$$

となり，境界条件($\rho\to 0$ と $\rho\to\infty$)から μ は実数でなければならない．したがって(5.3)から，スピノル座標を用いるとユニタリー表現の主系列をすべて与えてくれることがわかる．

次に(π, ξ)の代りに

$$a_\alpha = \frac{1}{\sqrt{2}}(\xi_\alpha + i\pi_\alpha^*), \qquad b_\alpha = \frac{1}{\sqrt{2}}i[\sigma_2(\xi^* + i\pi)]_\alpha \qquad (\alpha = 1, 2) \tag{5.6}$$

とそのエルミット共役

---

*) この節の議論は文献[4]のTakabayasiの論文などを参照．

$$a_\alpha^* = \frac{1}{\sqrt{2}}(\xi_\alpha^* - i\pi_\alpha), \qquad b_\alpha^* = \frac{+1}{\sqrt{2}} i[\sigma_2(\xi - i\pi^*)]_\alpha \tag{5.7}$$

を導入すると(第1章(3.5)式をみよ)

$$[a_\alpha, b_\beta] = 0, \qquad [a_\alpha, a_\beta^*] = [b_\alpha, b_\beta^*] = \delta_{\alpha\beta} \tag{5.8}$$

となり

$$\vec{S} = \vec{S}^a + \vec{S}^b, \qquad \vec{S}^a = \frac{1}{2}a^*\vec{\sigma}a, \qquad \vec{S}^b = \frac{1}{2}b^*\vec{\sigma}b$$

$$\vec{R} = \frac{1}{2}(b\sigma_2\vec{\sigma}a + a^*\vec{\sigma}\sigma_2 b^*) \tag{5.9}$$

となる．二つの不変量 $V^{(3)}$ と Q は

$$V^{(3)} = \frac{1}{2}(a^*a - b^*b), \qquad Q = \frac{1}{2}(b\sigma_2 a + a^*\sigma_2 b^*) \tag{5.10}$$

で，これは2種類のスピノル励起子を用いた非相対論的剛体の取扱いと同じ方法である．

次に第2章(5.31)の $V_\mu^{(1)}$, $V_\mu^{(2)}$ については，

$$V_0^{(1)} = \frac{1}{2}(a^*b + b^*a), \qquad \vec{V}^{(1)} = \frac{1}{4}(a^*\vec{\sigma}\vec{\sigma}_2 a^* - b^*\sigma_2\vec{\sigma}b^* + \text{h. c.})$$

$$V_0^{(2)} = \frac{i}{2}(a^*b - b^*a), \qquad \vec{V}^{(2)} = \frac{i}{4}(a^*\vec{\sigma}\sigma_2 a^* - b^*\sigma_2\vec{\sigma}b^* - \text{h. c.}) \tag{5.11}$$

となる．ところで，非相対論的剛体では

$$H_0^{(1)} = \frac{1}{2}(a^*a + b^*b) + 1 \qquad \left(固有値 = 1, \frac{3}{2}, 2, \cdots\right) \tag{5.12}$$

は回転不変量で，角運動量の大きさを与える演算子であった．相対論的にはこれは次の四元ベクトル $H_\mu^{(1)}$ の時間成分である．すなわち

$$H_\mu^{(1)} = \frac{1}{2}(\xi^*\sigma_\mu\xi + \pi\sigma_\mu\pi^*), \qquad \vec{H}^{(1)} = \frac{i}{2}(b\sigma_2\vec{\sigma}a - \text{h. c.}) \tag{5.13}$$

これに対して，

$$H_\mu^{(2)} = \frac{1}{2}(\xi^*\sigma_\mu\xi - \pi\sigma_\mu\pi^*) \tag{5.14}$$

もまた四元ベクトルになる．しかし，この二つのベクトルは Q とは可換ではな

い．$H^{(2)}_\mu$ の時間成分と空間成分は

$$H^{(2)}_0=\frac{i}{2}(b\sigma_2a-a^*\sigma_2b^*),\qquad \vec{H}^{(2)}=\vec{S}^{(a)}_0-\vec{S}^{(b)} \tag{5.15}$$

とあたえられる．

ここでマヨラナ方程式との類推で簡単な波動方程式をおいてみよう．一番便利なのは $H^{(1)}_\mu$ を用いて

$$(P_\mu H^{(1)\mu}-\kappa_0)|\psi\rangle=0 \tag{5.16}$$

とおくと $P_\mu P^\mu>0$ の場合は $P_0>0$ で

$$m=\frac{\kappa_0}{\frac{1}{2}N+1}=\frac{\kappa_0}{J+\omega+1} \tag{5.17}$$

の質量スペクトルをうる．ここで $N=(0,1,2,\cdots)$で，J は状態のスピンであり，$\omega=\frac{1}{2}N-J$ で a および b の励起子が singlet の対をつくっている数に応じて定まる整数または半整数である．また $P_\mu P^\mu<0$ の解が存在するのはマヨラナ方程式の場合と同じである．

質量スペクトルを J と共に増加させるようにするには波動方程式を P_μ について2次の形

$$[P_\mu P^\mu-\kappa_0 H^{(1)}_\mu P^\mu]|\psi\rangle=0 \tag{5.18}$$

にすればよい．この時質量スペクトルは

$$m=\kappa_0(J+\omega+1) \tag{5.19}$$

となる．これは無数に多くのゼロ質量の解と $P_\mu P^\mu<0$ の連続スペクトルをもつ．

また，ディラック表現との直積を用いる混合型方程式

$$[(P_\mu P^\mu)\gamma_\mu P^\mu-\kappa^2 H^{(1)}_\mu P^\mu]|\psi\rangle=0 \tag{5.20}$$

は $P_\mu P^\mu>0$ に対して

$$m^2=\kappa^2\left(J+\omega+\frac{1}{2}\right)\ \text{または}\ \kappa^2\left(J+\omega+\frac{3}{2}\right) \tag{5.21}$$

の解をもち，$P_\mu P^\mu<0$ の解は存在しない．$P_\mu P^\mu=0\,(P_\mu\neq0)$ の解は存在する．

もし，$V^{(1)}_\mu$ または $V^{(2)}_\mu$ を用いると

$$(P_\mu V^{(1)\mu}-\kappa_0)|\psi\rangle=0 \tag{5.22}$$

は $P_\mu P^\mu > 0$ に対して

$$m = \frac{\kappa_0}{K} \qquad \left(K = \pm\frac{1}{2}, \pm 1, \cdots\right) \tag{5.23}$$

をもつが，$P_\mu = (P_0, 0, 0, 0)$ で考えて $V_0^{(1)}$ は $\vec{V}^{(2)}, \vec{S}$ と可換であるので，これらの演算子のつくるノン・コンパクト群 $SO(3,1)$ の縮退をもつ．そのためさらに適当な補助条件をつけなければ有用な方程式を与えない．

スピノル模型の群論的構造についてくわしくは参考文献[4]をみて頂くことにしよう．また素粒子の内部自由度である $SU(3)$ 対称性を考えた3重スピノル模型（$\xi_\alpha^{(1)}, \xi_\alpha^{(2)}, \xi_\alpha^{(3)}$ の三つのスピノルを用いる）についても高林氏の論文などにゆずることにする[22].

§3.6　Bi-local 模型と荷電スピン*)

内部座標として推進不変なベクトル x_μ がある場合は前章で論じた bi-local 場の場合に対応する．すなわち，時空間の2点 $x_\mu^{(1)}, x_\mu^{(2)}$ より $\varepsilon^{(1)}x_\mu^{(1)} + \varepsilon^{(2)}x_\mu^{(2)} = X_\mu$ $(\varepsilon^{(1)} + \varepsilon^{(2)} = 1)$ と $x_\mu^{(1)} - x_\mu^{(2)} = x_\mu$ の二つの変数にうつれば，X_μ は重心でもう一つの相対座標 x_μ は推進不変なベクトルである．この場合，内部ローレンツ変換の生成子 $m_{\mu\nu}$ は

$$m_{\mu\nu} = p_\mu x_\nu - p_\nu x_\mu \tag{6.1}$$

である．ここで p_μ は x_ν の共役運動量で

$$[p_\mu x_\nu] = +ig_{\mu\nu} \tag{6.2}$$

の交換関係が成り立つ．

この節では bi-local 模型の群論的構造については文献[4]にゆずり，この模型が $SU(2)$ の変換を含み，しかも，全運動量 P_μ の固有値に依存してこの群の構造が変化することに重点をおいて述べよう．この $SU(2)$ はローレンツ変換にはふくまれない変換群で，荷電スピンと解釈しうる資格をもっている．$SU(2)$ を $SU(3)$ に拡張するには bi-local 模型をさらに拡張しなければならないが，ここではそれにはふれない．

まず，レッジェ理論についてのヴァン・ホーヴェ (Van Hove) の議論を簡単

*)　この節の議論は文献[4]の S. Tanaka の論文などを参照.

にいうと次のようになる．一群の種々のスピン j をもつ粒子があり，その質量 m は $m=m(j)$ と j の単調増加な解析関数としてあたえられるとしよう．散乱振幅はこの粒子群の１粒子交換の振幅の和としてあたえられるものとする．すなわち

$$f(s,t) \sim \sum_j \frac{b(j,t)}{m(j)^2-t} P_j(\cos\theta_t)$$

$$\cos\theta_t = (u-s)/(4M^2-t) \tag{6.3}$$

ここで $b(j,t)$ は j の解析関数であり，s と t はマンデルシュタム (Mandelstam) 変数で系の全エネルギーと散乱する二つの粒子の間に交換される運動量である．もしゾンマーフェルト・ワトソン変換を行って，$s\to\infty$ での主要な項がレッジェ極からの寄与とすれば，この振幅は

$$f(s,t) \simeq \frac{\pi}{2}\frac{b(\alpha(t),t)}{\sin\pi\alpha(t)}\alpha'(t)\left[1\pm e^{-i\pi\alpha(t)}\right]s^{\alpha(t)} \tag{6.4}$$

となる．これを S. Tanaka (田中正)[4] に従って次のように理解することにしよう．$m(j)$, $b(j,t)$ が j の解析関数になっているのはこの一群の粒子が全体として一体性をもった対象であり，例えば一つの無限成分波動関数で記述されるようなものである．(6.3) の無限和はそれのポアンカレ群の帰約分解を行ったものであり，これが可能なのは交換される粒子の四元運動量 P_μ が時間的な場合である．そのため，(6.3) の無限和の収束性はある限られた (s,t) の領域でのみ保証される．そして，それを越えた領域ではポアンカレ群の既約表示での局所場の無限和としてあらわすことのできない何か新しいものを考えねばならない．この新しいものはレッジェ理論の暗示するところでは複素数の角運動量をもつ対象であり，その交換で散乱振幅のレッジェ的振舞いが与えられる．ポアンカレ群の表現を考えてみると，角運動量が複素数になるのは系の運動量 P_μ が空間的になった場合である．このことを明白に示しているのはスピン・ベクトル W_μ の表式が $P_\mu P^\mu>0$ の場合は $O(3)$，$P_\mu P^\mu<0$ の場合は $O(2,1)$ の生成子になるということである．このような意味で，系のスピンはレッジェ化される量だと考えると，P_μ と相関をもつ量はスピンに限らず一般にレッジェ化される可能性をもつ．拡がりをもつ対象を考えた場合に，荷電スピンやユニタリー・スピンもその対象物の内部運動から説明しなければならないが，これらの自由度

がもし P_μ と相関をもって定義されるものであれば，スピン角運動量と同じようにレッジェ化される可能性がある．ここでは，bi-local 場においては，P_μ と関連して荷電スピンの自由度が導入できる可能性のあることを示そう．

x_μ, P_μ を用いて次の二つの量を導入する．

$$\rho^2 = -(x_\mu - P_\mu(P_\nu x^\nu)/P^2)^2$$
$$\tau^2 = (P_\nu x^\nu)^2/P^2 \tag{6.5}$$

これに共役な量は

$$p_\rho = \frac{1}{2\rho}(x_\mu p^\mu - x_\mu P^\mu \cdot p_\nu P^\nu/P^2) + \text{h. c.}$$
$$p_\tau = -\frac{1}{2\tau}(x_\mu P^\mu \cdot p_\nu P^\nu/P^2) + \text{h. c.} \tag{6.6}$$

で

$$[p_\rho, \rho] = -i, \qquad [p_\tau, \tau] = +i \tag{6.7}$$

の交換関係をみたす．これを用いて

$$\alpha_1 = \frac{1}{\sqrt{2}}(\rho + ip_\rho), \qquad \alpha_2 = \frac{1}{\sqrt{2}}(\tau - ip_\tau) \tag{6.8}$$

とすると

$$T_1 = \frac{1}{2}\alpha^\dagger \tau_1 \alpha = \frac{1}{2}(\alpha_1^\dagger \alpha_2 + \alpha_2^\dagger \alpha_1)$$
$$T_2 = \frac{1}{2}\alpha^\dagger \tau_2 \alpha = \frac{-i}{2}(\alpha_1^\dagger \alpha_2 - \alpha_2^\dagger \alpha_1)$$
$$T_3 = \frac{1}{2}\alpha^\dagger \tau_3 \alpha = \frac{1}{2}(\alpha_1^\dagger \alpha_1 - \alpha_2^\dagger \alpha_2) \tag{6.9}$$

は $P_\mu P^\mu = P^2 > 0$ の場合には $SU(2)$ の生成子の代数

$$[T_i, T_j] = i\epsilon_{ijk} T_k \tag{6.10}$$

をみたす．そして，定義からこれは確かにローレンツ不変な量である．そして，

$$\sum_{i=1}^{3} T_i{}^2 = T(T+1)$$
$$T = \frac{1}{2}(\alpha_1^\dagger \alpha_1 + \alpha_2^\dagger \alpha_2) \tag{6.11}$$

となる．ところで $P^2 < 0$ の場合は ρ^2 の符号が定値にならないので次の二つの場合にわけて考えねばならない．

i) $P^2<0,\ P_\mu=(0,0,0,P_3)$ として $\rho^2=x_1^2+x_2^2-x_0^2>0$ の場合

$$\tau^2=-x_3^2$$

$$T_1=-\frac{i}{2}\left(\rho\frac{\partial}{\partial x_3}+x_3\frac{\partial}{\partial\rho}\right)$$

$$T_2=\frac{1}{2}\left(\rho x_3+\frac{\partial}{\partial x_3}\frac{\partial}{\partial\rho}\right)$$

$$T_3=\frac{1}{4}\left(\rho^2-\frac{\partial^2}{\partial\rho^2}-x_3^2+\frac{\partial^2}{\partial x_3^2}\right)-\frac{1}{2}$$

$$M=\frac{1}{4}\left(\rho^2-\frac{\partial^2}{\partial\rho_2}+x_3^2-\frac{\partial^2}{\partial x_3^2}\right)\tag{6.12}$$

この交換関係は

$$[T_1,T_2]=-iM,\quad [T_2,M]=iT_1,\quad [M,T_1]=iT_2$$

$$T_1^2+T_2^2-M^2=-T_3(T_3+1)\tag{6.13}$$

となり (T_1,T_2,M) が $SO(2,1)$ の生成子となる.

ii) $P_\mu=(0,0,0,P_3)$ として $-\rho^2=x_0^2-x_1^2-x_{2z}=\tilde{\rho}^2>0$ の場合

$$\tau^2=-x_3^2$$

$$T_1=\frac{1}{2}\left(\tilde{\rho}x_3-\frac{\partial}{\partial\tilde{\rho}}\frac{\partial}{\partial x_3}\right)$$

$$T_2=\frac{i}{2}\left(\tilde{\rho}\frac{\partial}{\partial x_3}-x_3\frac{\partial}{\partial\tilde{\rho}}\right)$$

$$T_3=\frac{1}{4}\left(\tilde{\rho}^2-\frac{\partial^2}{\partial\tilde{\rho}^2}-x_3^2+\frac{\partial^2}{\partial x_3^2}\right)$$

$$M=\frac{1}{4}\left(\tilde{\rho}^2-\frac{\partial^2}{\partial\tilde{\rho}^2}+x_3^2-\frac{\partial^2}{\partial x_3^2}\right)+\frac{1}{2}\tag{6.14}$$

となり

$$[T_i,T_j]=-i\epsilon_{ijk}T_k$$

$$\sum_{i=1}^{3}T_i^2=M(M+1)\tag{6.15}$$

となり，再び (T_1,T_2,T_3) は $SU(2)$ の生成子となる．ただし，$P^2>0$ の場合との違いは T_i の代りに $-T_i$ であることである.

$P^2>0$; $P^2<0,\ \rho^2>0$; $P^2<0,\ \rho^2<0$, の三つの場合にそれぞれ $SO(3)$ および $SO(2,1)$ の固有解を求めることができるが，これは文献にゆずることにす

る [4].

§3.7 素 領 域*)

素粒子の拡がりを時空構造の中に求める試みとして素領域の理論がある．四次元時空の中の事象は四次元時空内の１点でおこるのが基本的であると考えるのが通常の立場である．これに反し，素領域の考えは基本的な事象は時空間内のある拡がりをもつ領域(素領域，elementary domain)の励起状態として生ずるとする．したがって，もともとの四次元連続体としての時空を有限の拡がりをもつ領域に分割して考え，いろいろな過程はある領域の励起がつぎつぎと隣の領域へ移動していくことで表そうとする．これは拡がりをもつ粒子(剛体模型など)というよりは時空構造の中に離散的な構造をもちこむことを意図している．

他方，この考えは弾性球模型のような考えと似ている点も多い．現実的な力学的弾性球に固執せず，その一般的性質として種々の励起モードの媒質として弾性球模型を考え，その基底状態は真空と区別しないことにすれば素領域の考えと極めて近くなる．事実，Yukawa らの素領域の定式化においては，素領域は純粋な幾何学的対象ではなく，素領域の励起状態を記述する波動関数 φ が導入されていて，弾性球模型の波動関数とよく似たものになっている．

しかし，弾性球模型のような粒子の属性として拡がりをもつものという考えからは自然な形で発想されない様相がある．それは，基礎方程式として微分方程式に代り，差分型の方程式をとることである．素領域理論では物理的事象の伝播は隣の素領域に励起状態が移動すると考える．一つの領域から隣の領域への移動は無限小の移動ではなく，素領域の大きさの程度の時空間内の移動であり，それより小さい区間での現象は本来問題にできないという立場である．したがって，事象の系列としての物理的過程は連続的過程ではなく，離散的な過程になる．離散的過程を支配する法則はその最も簡単なものの一つとして差分型の法則が考えられる．ここではこの差分型法則に注目して，簡単化した模型で素領域の考えを述べてみよう．

---

*) 素領域理論については文献 [2], [4], [23] に提唱者による解説と定式化がある．

はじめに，§3.3のマヨラナの方程式について考えてみよう．波動方程式

$$(V_\mu P^\mu - \kappa_0)\psi = 0 \tag{7.1}$$

はもちろん微分方程式である．これを次のように書いてみることができる．

$$\lim_{l_0\to 0}\frac{1}{l_0}[e^{il_0V_\mu P^\mu} - e^{il_0\kappa_0}]\psi = 0 \tag{7.2}$$

この $l_0\to 0$ の極限をとりはずして考えてみると(7.2)は

$$\frac{1}{l_0}[\psi(X_\mu + l_0V_\mu) - e^{il_0\kappa_0}\psi(X_\mu)] = 0 \tag{7.3}$$

となり点 X_μ における場と $X_\mu + l_0V_\mu$ における場の間の関係を与えている．ここで V_μ は互に非可換な演算子であるので(7.3)はあくまでもシンボリックな意味でしかないが，もし V_μ が互に可換な演算子 ($[V_\mu, V_\nu]=0$) ならば上の解釈は文字通り正しい．この解釈によれば(7.3)は l_0 程度離れた所での状態と，もとの所の状態を関係づけている差分型の法則ということになる．そして，l_0 が無限小の場合に微分法則(7.1)にもどる．

(7.3)の V_μ を与えられたc数ととることは時空間の一様性をやぶるので可能ではない．相対論的時空の一様性を破壊せずにこのような差分型方程式をうるには，V_μ は力学的変数である必要がある．そこで，少し無理な話になるが素領域における励起状態をあらわす波動関数 ψ を考え，素領域がどこの時空点の近くにあるかをあらわす座標 X_μ の他に素領域内で定義された適当な内部座標 $\xi_1, \xi_2, \cdots, \xi_N$ を導入する．ψ は $(X, \xi_1\cdots\xi_N)$ の関数とみなせる．ここまでくると ψ は無限成分場と形式的にはかわらないことになる．ここで，ξ とその共役運動量 $\pi_1, \cdots, \pi_N$ を用いてつくられる一つのベクトル演算子 V_μ が存在するとしよう．そして，この方向への平行移動が場の運動法則を定めるとしよう．そこで

$$[e^{il_0V_\mu P^\mu} - e^{il_0\kappa S}]\Psi = 0 \tag{7.4}$$

S：内部変数 (ξ, π) からなるローレンツ不変な演算子

を素領域の波動関数のみたすべき方程式としよう．これはシンボリックな意味で

$$\Psi(X_\mu + l_0V_\mu) = e^{il_0\kappa S}\Psi(X) \tag{7.5}$$

であり，X_μ にある素領域の状態と $X_\mu + l_0V_\mu$ におけるそれとはユニタリー変換

で重ねあわせることができると仮定することである．(7.2)における波動関数の位相のずれ $e^{i\kappa_0 l_0}$ をユニタリー変換にまで拡張したことになっている．

(7.4)の型の方程式と微分方程式の相異なる点を調べてみよう．そのために $S=1$ とし V_μ としてマヨラナ表現のベクトルをとってみよう．つまり(7.1)の方程式と

$$(e^{i(l_0 V_\mu P^\mu - \kappa_0 l_0)}-1)\Psi = 0 \tag{7.6}$$

とを比較してみる．はじめに P^μ が時間的ベクトルの場合には $P_\mu=(M,0,0,0)$ ととってやれば(7.6)は

$$[e^{i(l_0 V_0 M - \kappa_0 l_0)}-1]\Psi = 0 \tag{7.7}$$

となる．V_0 の固有値は

$$\frac{1}{2}(N+1) = j+\frac{1}{2} \qquad (N=0,1,2\cdots) \quad \left(j=0,\frac{1}{2},1,\cdots\right)$$

であるから(7.7)の解としては

$$l_0\left(j+\frac{1}{2}\right)M - \kappa_0 l_0 = 2\pi n \qquad (n=0,\pm1,\pm2,\cdots) \tag{7.8}$$

であればよい．これより質量 M は

$$M = \frac{1}{j+\frac{1}{2}}\left[\frac{2\pi}{l_0}n+\kappa_0\right] \tag{7.9}$$

となる．この質量スペクトルはマヨラナ方程式(7.1)のそれと $(2\pi n)/l_0$ だけ異なっている．$l_0\to 0$ ではこの分は無限の彼方にいってしまうので実際上は問題にならない．これは二つの離れた点の間の波動の伝達はもしその途中を問題にしなければ $2\pi n$ の周期でいろいろな波が存在しうることに対応しているわけである．

P_μ が空間的な場合の解も存在し，それに対しても同じような事情があることは容易に想像できるだろう．すなわち，(7.9)において $j+\frac{1}{2}\to i\mu$ とおきかえればよい．同様の事情は $P_\mu{}^2=0$ の場合にも生じてこの場合は無限の縮退をうむことになる．

素領域理論と拡がりをもつ粒子の違いは，後者が主に空間的拡がりのみを取り入れる傾向があるのに対して，前者は時間的拡がりをも考える所にある．こ

のことを端的に示すのが今のべた差分型法則である．差分法則を用いて第二量子化の段階で予想される伝播関数に対するいろいろな考察もなされているがここではこれ以上ふれないで文献[4]などを参照してもらうことにする．なお，素領域の波動関数としてはユニタリー表現の場合が検討されているが，一般に混合型(スピノルとユニタリー表現の直積など)の波動関数をも検討する価値があると思われる．混合型の場合には空間的な運動量をもつ解を排除する可能性がつよく，質量スペクトルも合理的なものが期待されるからである．

第4章　拡がりをもつ粒子の相互作用

前章までは主として拡がりをもつ孤立系の運動を考えてきた．そこでは主にどれだけの自由度が存在して，質量スペクトルがどのようになるかが議論できる．しかし，相互作用の導入がされなければ，ハドロンの反応を取り扱うことはできない．またいろいろな自由度の保存も相互作用を無視してはあまり意味がない．

拡がりをもつ粒子に相互作用を導入することは，しかし，きわめて困難なことである．局所場の場合には種々の不変性(ローレンツ不変，$SU(3)$ 不変など)と高階微分を除外することで相互作用の形はかなり制限され，さらに“くりこみ”可能性を付け加えればその制限はさらにきびしいものになる．しかし，例えば無限成分波動関数を用いた場合には，不変性の要求と高階微分を含まないことからだけでは任意性がきわめて大きいことは具体的にマヨラナ表現の場合を考えてみるだけでもわかるであろう．マヨラナの2価表現で自己相互作用をしている場合は4体の相互作用

$$\psi^*\psi \quad \psi^*\psi$$

が最も簡単である．これはディラック粒子のフェルミ相互作用と類似のもので，ディラック粒子の場合にはこの型は S, T, P, V, A の5種類しかない．しかしマヨラナ表示の波動関数においてはベクトル演算子 V_μ の積を用いて任意に高い階数のテンソル演算子がつくれるので，いくらでも多くの型の相互作用が考えられる．したがって，形式的立場を一貫してつらぬくことは有効ではない．何らかの意味で簡単なものを適当に選んでくる必要が実際上の問題としては生ずる．あるいは，模型の直観的な意味づけをして簡単なものを選ぶということも有用な方向であろう．しかし，それ以前の問題もまだほとんど手がつけられずに残っている．それは第二量子化の問題である．

拡がりをもつ粒子の多体問題は，現在の所，系統的な研究がほとんどなされておらず，局所場の理論にくらべて，著しく立ちおくれている．その理由はいろいろと考えられるが，何よりもタキオンや無限縮退を含まない簡単な波動方

程式の例がまだ存在していないことにあるように思われる．前章の例でもタキオンを含まない方程式は3階の混合型方程式であり，第二量子化を行えばおそらく負ノルムのいわゆるゴースト状態(ghost state)が生ずるであろう．

この章ではファインマン図を用い，波動方程式から適当な形の伝播関数を定義して散乱振幅を計算したり，形状因子を求めることにしよう*)．形状因子や散乱振幅の計算では拡がりをもつ粒子と局所場の相互作用をもとにして計算するのが最も簡単であり，拡がりをもつ粒子同士の相互作用は一般に複雑な計算を必要とする．まず最も簡単な形状因子の計算の仕方を述べ，それをくりかえして用いて散乱振幅の計算を行うという順序で考えていこう．

§4.1 Bi-local 場と形状因子

第2章§2.4で述べた bi-local 場について考えることにしよう．今簡単のため(4.23)と(4.25)を考える．すなわち

$$\left.\begin{aligned}
&(P_\mu P^\mu - M^2)\Psi = 0\\
&M^2 = \kappa_0{}^2 + \kappa_1(\vec{a}^*\cdot\vec{a} - a_0 a_0^*)\\
&p_\mu = -i\sqrt{\frac{\kappa_1}{2}}(a_\mu - a_\mu^*), \qquad x_\mu = \sqrt{\frac{1}{2\kappa_1}}(a_\mu + a_\mu^*)\\
&[a_\mu, a_\nu^*] = -g_{\mu\nu}\\
&x_\mu^{(1)} = X_\mu + \frac{1}{2}x_\mu, \qquad x_\mu^{(2)} = X_\mu - \frac{1}{2}x_\mu\\
&p_\mu^{(1)} = \frac{1}{2}P_\mu + p_\mu, \qquad p_\mu^{(2)} = \frac{1}{2}P_\mu - p_\mu
\end{aligned}\right\} \tag{1.1}$$

そして，補助条件として

$$(P_\mu a^{\mu *})\Psi = 0 \tag{1.2}$$

をとることにする．波動関数 $\Psi(x^{(1)}, x^{(2)}) = \Psi(X, x)$ は2点 $(x_\mu^{(1)}, x_\mu^{(2)})$ の関数である．今，この一つの点 $x^{(1)}$ に外部のスカラー場 $\phi(x)$ が影響を与えた場合の状態の遷移を計算することにしよう．もし外場(局所場)がベクトル場であれば，電磁場との相互作用における形状因子(form factor)を与えることになる．

---

*)　ファインマン規則を適当に設定して S 行列を考えるのであり，場の理論的基礎づけは第二量子化の理論がないかぎりできない．このようなやり方を“対応論的”なものと考えることにする．

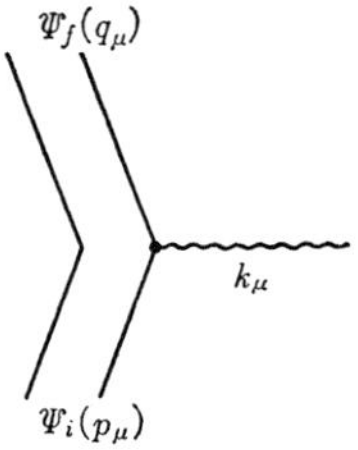

図 4.1

今，簡単のために，始状態 Ψ_i も終状態 Ψ_f も共に基底状態(質量の最低の状態)とする．このとき，行列要素は図 4.1 に対応して

$$M=\int d^4x^{(1)}d^4x^{(2)}\Psi_f^*(x^{(1)},x^{(2)})\varphi(x^{(1)})\Psi_i(x^{(1)},x^{(2)}) \tag{1.3}$$

であたえられる．今，始状態および終状態のエネルギー運動量をそれぞれ p_μ および q_μ とすれば，外場 φ のもつ運動量 k_μ は $p_\mu-q_\mu$ となり，行列要素(1.3)は

$$M\propto\delta^4(p_\mu-q_\mu-k_\mu)\int d^4x\Psi_f^*(q,x)\exp\left[i\frac{1}{2}kx\right]\Psi_i(p,x) \tag{1.4}$$

となる．この行列要素を求めるために，

$$\begin{aligned}p_\mu&=(\kappa_0,0,0,0)\\ q_\mu&=(\sqrt{\kappa_0{}^2+\vec{k}^2},\ -\vec{k})\end{aligned} \tag{1.5}$$

と選び，さらに $\vec{k}=(0,0,k)$ とおいても一般性を失わない．こうすれば Ψ_i は Ψ_0 となる．ただし

$$\vec{a}\Psi_0=0,\qquad b\Psi_0=a_0^*\Psi_0=0$$

である．内部波動関数は

$$\Psi_i\propto\exp\left[-\frac{\kappa_1}{2}(\vec{x}^2+x_0{}^2)\right] \tag{1.6}$$

となる．また，Ψ_f は第 3 軸方向に $k/\sqrt{\kappa_0{}^2+k^2}$ のはやさにローレンツ変換をして求まる．これは，補助条件(1.2)を

$$(E(k)b+ka_3^*)\Psi_f=0,\qquad E(k)=\sqrt{\kappa_0{}^2+k^2}$$

と書いてわかるように，規格因子を N として

$$\Psi_f = N\exp\left[-\frac{k}{E(k)}b^* a_3^*\right]\Psi_0 \tag{1.7}$$

となる．ここで

$$N^{-2} = \left(\Psi_0 \exp\left[-\frac{k}{E}ba_3\right]\exp\left[-\frac{k}{E}b^* a_3^*\right]\Psi_0\right), \qquad a\Psi_0 = b\Psi_0 = 0$$

で，容易に計算できて

$$N = \kappa_0/E(k) \tag{1.8}$$

となる．また，(1.1)の x_μ の表式を用いると

$$\begin{aligned}\exp\left[\frac{i}{2}k_\mu x^\mu\right] &= \exp\left[\frac{i}{2}(k_0 x_0 - kx_3)\right]\\ &= \exp\left[\frac{i}{2}\sqrt{\frac{1}{2\kappa_1}}\{k_0(b_0+b_0^*) - k(a_3+a_3^*)\}\right]\end{aligned}$$

で，これを ordered form になおすと

$$\begin{aligned}\exp\left[\frac{i}{2}kx\right] &= \exp\left[\frac{i}{2}\sqrt{\frac{1}{2\kappa_1}}(k_0 b_0^* - ka_3^*)\right]\exp\left[\frac{i}{2}\sqrt{\frac{1}{2\kappa_1}}(k_0 b_0 - kb_3)\right]\times\\ &\times\exp\left[\frac{-1}{16\kappa_1}({k_0}^2+k^2)\right]\\ k_0 &= -\sqrt{{\kappa_0}^2+k^2}+\kappa_0, \qquad {k_0}^2+k^2 = 2E(k)(E(k)-\kappa_0)\\ E(k) &= \sqrt{{\kappa_0}^2+k^2}\end{aligned} \tag{1.9}$$

となる．これを用いると

$$\begin{aligned}\left(\Psi_f, \exp\left[i\frac{1}{2}kx\right]\Psi_i\right) &= \frac{\kappa_0}{E(k)}\left(\Psi_0, \exp\left[-\frac{k}{E}ba_3\right]\times\right.\\ &\left.\times\exp\left[\frac{i}{2}\sqrt{\frac{1}{2\kappa_1}}(k_0 b_0^* - ka_3^*)\right]\Psi_0\right)\exp\left[-\frac{1}{8\kappa_1}({k_0}^2+k^2)\right]\\ &= \frac{\kappa_0}{E(k)}\exp\left[-\frac{1}{16\kappa_1}({k_0}^2+k^2)\right]\exp\left[-\frac{1}{8\kappa_1}\frac{k^2 k_0}{E(k)}\right]\\ &= \frac{1}{1+t/2{\kappa_0}^2}\exp\left[-\frac{1}{4\kappa_1}\frac{t}{1+t/2\kappa_0}\right] - t\\ &= {k_0}^2 - \vec{k}^2\end{aligned} \tag{1.10}$$

この表式で注意すべきことが二つある．一つは指数関数の前についている因子で，これは波動関数の規格因子としてあらわれているものであり，今の場合ユ

ニタリー表現を用いたためである．これに類似の因子は一般に無限成分波動関数を用いるとでてくる．また，現象論的にはこの因子の存在は好ましいものであるが，これだけでは不足である．もう一つは指数関数の中の t についての依存性である．これは $t\to$大で一定の値 $-\kappa_0/2\kappa_1$ に近づくので，t の大きい場合は実質的に指数関数の部分は一定であるとみなせる．これは粒子の拡がりがローレンツ短縮するために，低エネルギーではガウス型に急減少する形のものが弱められるからである．このことは Namiki により指摘され核子の電磁的形状因子の分析に適用された [15]．通常の非相対論的クォーク模型において，調和振動子ポテンシャルを用いると波動関数はガウス型となり，この波動関数の拡がりが形状因子になる．これは現象論的に得られた，いわゆる dipole 型因子とは定性的に異なるものである．これは高エネルギーにおいて，拡がりがローレンツ短縮をうけるということを無視しているためであり，非相対論的取扱いの限界を示すものといえる．なお dipole 型因子を与えるにはベクトル中間子の伝播関数をさらにかけあわせる vector meson dominance の仮定が用いられるが，くわしい実験の分析は文献をみてもらうことにする [15].

ここで，相対時間の取扱いに不定計量を用いる場合についてふれておこう．この場合には補助条件は

$$P_{\mu}a^{\mu}\Psi=0$$

となる．形状因子の計算は図4.1に対応する行列要素を計算すればよいのだが，この場合には形状因子はあらわれない(より正確には bi-local の特性からくる e^{-q^2} のみである)．これは，波動関数がローレンツ群の非ユニタリー表現のテンソル表現を用いることに対応して，普通の局所場の場合と何ら変らないためである．このように同じ bi-local 場を用いても，その取扱い方で相互作用のあらわれ方が定性的に異なってくることは注意すべきことである．もともと，二つの点からなる力学系を相対論と量子論の要請に従って取り扱えば，前章で論じたように，一般にユニタリー表現の波動関数を必要とした．それがまた拡がりのローレンツ短縮をうまく表現している原因であろう．しかし，不定計量を用いる形式では量子論とは異質なものをもちこむことを意味し，それを完全にうまく取り扱えきっていないために，拡がりのローレンツ短縮などがうまく再現されていないのであろう．

§4.2　無限成分波動関数の形状因子

抽象的な無限成分場の場合に外部局所場との相互作用を考えることにしよう．bi-local 場と異なり，外場との相互作用がどこで生ずるかは任意性があって，はっきりしない．bi-loca l場の場合には，物理的属性を荷っている実体を2点 $x^{(1)}, x^{(2)}$ に想定するのがもっとも自然であり，相互作用はこの2点における外場の強さにより定められた．前節の形状因子の指数関数の部分はこうして生じたものである．しかし，単に無限成分場の場合，それを重心 X_μ と内部変数 ξ の関数 $\psi(X;\xi)$ とあらわした場合に，これらの変数の物理的解釈があたえられない限り，形式的立場からは電荷の荷い手の所在がどこにあるかというようなことは何も定まらない．形式的立場としては，これを無限成分をもつ局所場 $\{\psi(X;\ n);\ n=1,2,\cdots\}$ のように考えて局所的相互作用を論ずるのが一つの道と考えられる．まずこの立場における形状因子の計算法を一般的に述べ，その後で，具体例としては，最も簡単なマヨラナ表現を用いるものをあげることにしよう．なお，$O(4,2)$ の力学群の立場から得られた結果や，非ユニタリー無限次元表現を用いる場合については文献を参照*) してもらうことにする．

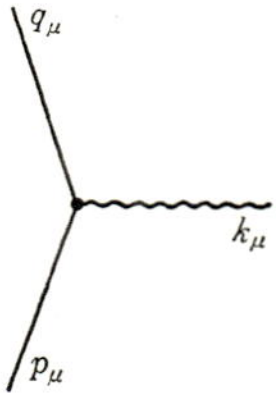

図 4.2

図のように始状態と終状態の運動量をそれぞれ p_μ, q_μ とし，外部局所場のもちさる運動量を k_μ とすると

$$p_\mu - q_\mu = k_\mu \tag{2.1}$$

である．また始めと終りの波動関数を Ψ_i および Ψ_f としよう．この波動関数は適当な波動方程式の解である．形状因子は結局次の行列要素を計算することである．

*)　文献 [1] の文献リストにある Barut *et al.*, Nambu, Fronsdal の論文など．なお文献 [25] も参照のこと．

$$(\Psi_f^*(q), O\Psi_i(p)) \tag{2.2}$$

ここで O は外部局所場の変換性に対応して選ばれる適当な内部変数を用いてあらわされる演算子である．普通は p_μ または q_μ を $(m,0,0,0)$ の静止系にとると波動関数が簡単になり，静止系の波動関数 Ψ_0 で与えられる．もう一方の波動関数は Ψ_0 を適当なローレンツ変換 $U_{\rm L}$ によって求めることができる．たとえば p_μ を静止系にとれば

$$\Psi_i = \Psi_{i,0}, \qquad \Psi_f = U(q)\Psi_{f,0} \tag{2.3}$$

となる．したがって，(2.2)は

$$(\Psi_{f,0}^*, U^*(q)O\Psi_{i,0}) \tag{2.4}$$

のようになる．bi-local 場の場合には O のほかにここに $\exp[ikx]$ の因子が入っていたが，今の場合はそれはでてこない．一般に，考える波動関数の表現を定めておけば，$U(q)$ は定っているが，これを具体的に計算できるほど簡単な形にすることが実際上の問題となる．

また，形状因子の場合は，上の議論からわかるように質量スペクトルはあまり重要ではない．実際，波動方程式の解であり，その質量 m が与えられ，静止系の波動関数が与えられていればよい．m と異なる質量の解は計算の途中にも必要はない．散乱振幅の議論は，形状因子の場合と異なり，質量スペクトルは重要であり，波動方程式の具体形は伝播関数の決定に欠くことのできないものである．

さて，例をマヨラナ表現にとり具体的に計算してみよう．今考える外場はスカラー場であるとすれば，(2.2)の O は1である．第3章§3.3でのべた演算子を用いる方法でマヨラナ表現を取扱うことにする．静止系で基底状態にある場合の形状因子を求めよう．この状態の質量は m とする．$p_\mu=(m,0,0,0)$，$q_\mu=(\sqrt{q^2+m^2},0,0,q)$ ととると

$$k_\mu = (-\sqrt{q^2+m^2}+m, 0, 0, -q)$$

となり，終りの状態の波動関数は静止系のそれを $q/\sqrt{m^2+q^2}$ の速さで第3軸方向に走っている座標系にうつせば得られる．すなわち

$$|\Psi_f\rangle = e^{i\omega R_{03}}|0\rangle$$
$$\tanh\omega = q/\sqrt{m^2+q^2} \tag{2.5}$$

である．第3章(3.2b)より

$$R_{03}=\frac{i}{2}[a_1a_2-a_1^*a_2^*] \tag{2.6}$$

である．

$$\bar{a}_\alpha(\omega)=e^{i\omega R_{03}}a_\alpha e^{-i\omega R_{03}}=\begin{bmatrix} a_1\cosh\frac{\omega}{2} & -a_2^*\sinh\frac{\omega}{2} \\ a_2\cosh\frac{\omega}{2} & -a_1^*\sinh\frac{\omega}{2}\end{bmatrix}$$

であり

$$\bar{a}_\alpha(\omega)e^{i\omega R_{03}}|0\rangle=e^{i\omega R_{03}}a_\alpha|0\rangle=0$$

より，

$$|\Psi_f\rangle=e^{i\omega R_{03}}|0\rangle=|\omega,0\rangle=\frac{1}{\cosh\frac{\omega}{2}}\exp\left[a_1^*a_2^*\tanh\frac{\omega}{2}\right]|0\rangle \tag{2.7}$$

と与えられる．ここで $1/\cosh\frac{\omega}{2}$ は，$|\omega,0\rangle$ が 1 に規格化されていることから定まる．したがって(2.4)に対応する行列要素は

$$\langle\Psi_f|\Psi_i\rangle=\langle 0|e^{-i\omega R_{03}}|0\rangle=\frac{1}{\cosh\frac{\omega}{2}} \tag{2.8}$$

と簡単に求まる．ここで

$$\left(\cosh\frac{\omega}{2}\right)^2=\frac{1}{2}[\cosh\omega+1]=\frac{\sqrt{m^2+q^2}+m}{2m} \tag{2.9}$$

である．一方

$$-k_\mu{}^2=t=2m[\sqrt{m^2+q^2}-m] \tag{2.10}$$

であるから(2.9)は

$$\left(\cosh\frac{\omega}{2}\right)^2=\frac{t}{(2m)^2}+1, \qquad \cosh\frac{\omega}{2}=\left[1+\frac{t}{(2m)^2}\right]^{1/2} \tag{2.11}$$

となり，形状因子は t が大きいとき $\sqrt{t}$ に逆比例する形になっている．前節の bi-local 場の場合にこれに対応する因子は(1.8)の N で

$$\kappa_0/E=\frac{1}{1+t/2\kappa_0{}^2}\sim 1/t$$

であった．これは考えている波動関数の表現の違いから生ずる因子である．マヨラナ表現は bi-local 場よりもさらに現象から要求される dipole 型($\sim 1/t^2$)から遠くなってしまう．

もう一つの計算例をあげておこう．内部変数として2成分スピノルを用いる場合で，第3章§3.5で示したように2種類の励起子の演算子(a_α, b_α)を用いてローレンツ変換の生成子は第3章(5.9)で与えられている．これから第3軸方向のローレンツ変換 R_3 は

$$R_3 = \frac{i}{2}[(b\sigma_1 a)-(a^*\sigma_1 b^*)] \tag{2.12}$$

である．したがって，

$$\begin{aligned} e^{i\omega R_3}a_\alpha e^{-i\omega R_3} &= a_\alpha(\omega) = \cosh\frac{\omega}{2}a_\alpha+\sinh\frac{\omega}{2}(\sigma_1 b^*)_\alpha \\ e^{i\omega R_3}b_\alpha e^{-i\omega R_3} &= b_\alpha(\omega) = \cosh\frac{\omega}{2}b_\alpha+\sinh\frac{\omega}{2}(\sigma_1 a^*)_\alpha \end{aligned} \tag{2.13}$$

となる．これより

$$e^{i\omega R_3}|0\rangle = |0,\omega\rangle, \qquad a|0\rangle = b|0\rangle = 0$$

とすると

$$\begin{aligned} a_\alpha(\omega)|0,\omega\rangle &= \left[\cosh\frac{\omega}{2}a_\alpha+\sinh\frac{\omega}{2}(\sigma_1 b^*)_\alpha\right]|0,\omega\rangle = 0 \\ b_\alpha(\omega)|0,\omega\rangle &= \left[\cosh\frac{\omega}{2}b_\alpha+\sinh\frac{\omega}{2}(\sigma_1 a^*)_\alpha\right]|0,\omega\rangle = 0 \end{aligned} \tag{2.14}$$

であるから，これより

$$|0,\omega\rangle = \left[\frac{1}{\cosh\frac{\omega}{2}}\right]^2 \exp\left[\tanh\frac{\omega}{2}(a_1^*b_2^*+a_2^*b_1^*)\right]|0\rangle \tag{2.15}$$

となる．したがって

$$\langle 0|e^{i\omega R_3}|0\rangle = \left[\frac{1}{\cosh\frac{\omega}{2}}\right]^2 = \frac{1}{1+\frac{t}{(2m)^2}} \tag{2.16}$$

となる．

今までの三つの例(bi-local 場，マヨラナ表現，スピノル模型)はいずれも励起子演算子を用いたもので，この結果，励起子演算子を用いる場合の形状因子について次のような一般的規則があることがわかる．いまベクトル励起子が n 個，スピノル励起子が m 個あるような模型を考えよう．すなわち $(a_\mu(k), a_\mu^*(k)$; $(k=1, 2, \cdots, n))$, $(b_\alpha(l), b_\alpha^*(l)$; $l=1, \cdots, m)$ として基底状態は

$$\vec{a}(k)|0\rangle = a_0^*(k)|0\rangle = 0, \qquad b_\alpha(l)|0\rangle = 0 \qquad (\alpha=1, 2) \tag{2.17}$$

と定められるものとしよう．この場合のローレンツ変換からくる形状因子は

$$\langle 0|e^{i\omega R_{03}}|0\rangle = F \tag{2.18}$$

で与えられるが，これは一般に

$$F = \left[\frac{1}{1+\dfrac{t}{2m^2}}\right]^n \left[\frac{1}{1+\dfrac{t}{4m^2}}\right]^{m/2} \tag{2.19}$$

で与えられる．具体的な核子の電磁形状因子が直接これに対応するわけではないが，この結果は与えられた模型から形状因子を予測するのに有用である．

次に，静止系で励起状態にある場合について考えよう．簡単のためにマヨラナ表現についてみると

$$|n, m\rangle = \frac{1}{\sqrt{n!m!}}(a_1^*)^n(a_2^*)^m|0\rangle \tag{2.20}$$

で各状態は与えられる．そのときの質量を $M(n, m)$ とする．この状態の第3軸方向のローレンツ変換は

$$\begin{aligned} e^{i\omega R_3}|n, m\rangle &= |n, m;\ \omega\rangle \\ &= \frac{1}{\cosh\dfrac{\omega}{2}}\frac{1}{\sqrt{n!m!}}(a_1^*(\omega))^n(a_2^*(\omega))^m \exp\left[\tanh\frac{\omega}{2}a_1^*a_2^*\right]|0\rangle \end{aligned} \tag{2.21}$$

ここで $a(\omega)$ は(2.6)の下の式で与えられる．したがって

$$\begin{aligned} \langle n, m;\ \omega|n, m\rangle = \frac{1}{\cosh\dfrac{\omega}{2}}\frac{1}{n!m!}\langle 0|\exp\left[\tanh\frac{\omega}{2}a_1a_2\right]\times \\ \times(a_1(\omega))^n(a_2(\omega))^m(a_1^*)^n(a_2^*)^m|0\rangle \end{aligned} \tag{2.22}$$

であり

$$a_1(\omega) = a_1 \cosh\frac{\omega}{2} - a_2^* \sinh\frac{\omega}{2}, \qquad a_2(\omega) = a_2 \cosh\frac{\omega}{2} - a_1^* \sinh\frac{\omega}{2} \tag{2.23}$$

を用いると

$$\langle n, m;\ \omega | n, m \rangle = \frac{1}{\cosh\frac{\omega}{2}} \frac{1}{n!m!} \langle 0 | (\tilde{a}_1(\omega))^n (\tilde{a}_2(\omega))^m \exp\left[\tanh\frac{\omega}{2} a_1 a_2\right] \times$$
$$\times (a_1^*)^n (a_2^*)^m | 0 \rangle$$

$$\tilde{a}_1(\omega) = a_1 \frac{1}{\cosh\frac{\omega}{2}} - a_2^* \sinh\frac{\omega}{2}, \qquad \tilde{a}_2(\omega) = a_2 \frac{1}{\cosh\frac{\omega}{2}} - a_1^* \sinh\frac{\omega}{2} \tag{2.24}$$

となる．これから容易に

$$\langle n, m;\ \omega | n, m \rangle = \left(\frac{1}{\cosh\frac{\omega}{2}}\right)^{n+m+1} \tag{2.25}$$

をうる．$\cosh\frac{\omega}{2}$ と t の関係から結局

$$\langle n, m;\ \omega | n, m \rangle = \left[\frac{1}{1 + \frac{t}{4M^2(n, m)}}\right]^{\frac{1}{2}(n+m+1)} \tag{2.26}$$

となる．もし，bi-local 場のようなベクトル励起子の場合にはこれは

$$\langle n_1, n_2, n_3;\ \omega | n_1, n_2, n_3 \rangle = \left[\frac{1}{1 + \frac{t}{2M^2(n, m)}}\right]^{n_1+n_2+n_3} \tag{2.27}$$

のようになることは上の計算法より容易に推測できるであろう．

以上のように，無限成分場(ユニタリー表現)は励起子表現を用いることにより形状因子は容易に計算できる．なお，スカラー場との相互作用以外の場合も，vertex 演算子さえうまくきめられれば同様な方法で形状因子を求めることはむつかしくない．

§4.3 Bi-local 場の散乱振幅 I

bi-local 場が局所場と相互作用をしている場合の散乱振幅を考えてみよう．

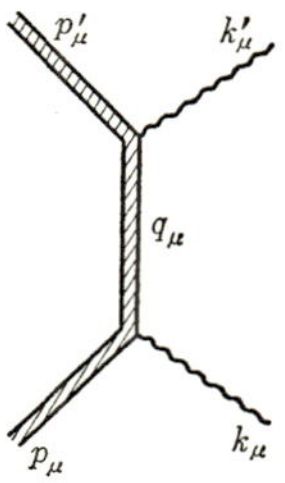

図 4.3

bi-local 場の方程式は(1.1)であるとし，補助条件は(1.2)を用いることにする．

まず中間状態の運動量が時間的である場合について考える．このとき，その運動量を $q_\mu=(q_0, 0, 0, 0)$ のように選ぶ．こうとれば，補助条件は

$$b|\Psi\rangle=0$$

となるので，これをみたす射影演算子 Λ は

$$\Lambda=|0_0\rangle\langle 0_0|\otimes I_1\otimes I_2\otimes I_3 \tag{3.1}$$

となる．I_i $(i=1,2,3)$ は励起子の空間成分 (a_i, a_i^*) でつくられる状態空間での恒等演算子であり $|0_0\rangle$ は時間成分に関する基底状態である．伝播関数は波動方程式(1.1)より次の形とするのが自然であろう．

$$G=\frac{1}{P^2-M^2}\Lambda=\frac{1}{{q_0}^2-{\kappa_0}^2-{\kappa_1}^2(\vec{a}^*\cdot\vec{a})}\Lambda \tag{3.2}$$

bi-local 場の始状態の運動量 p_μ を $(p_0, 0, 0, p)$ ととれば，その波動関数は(1.7)より(基底状態の散乱を考えて)

$$|\Psi_i\rangle=\frac{\kappa_0}{E(p)}\exp\left[-\frac{p}{E(p)}b^*a_3^*\right]|0\rangle \tag{3.3}$$

となる．運動量保存則より終状態の bi-local 場の運動量 p_μ' は $(p_0, \vec{p}')$ $(|\vec{p}'|=p)$ となるので，波動関数 $|\Psi_f\rangle$ は(3.3)で適当な空間回転をしてやればよい．すなわち

$$\begin{aligned}|\Psi_f\rangle&=\frac{\kappa_0}{E(p)}U^R\exp\left[-\frac{p}{E(p)}b^*a_3^*\right]|0\rangle\\&=\frac{\kappa_0}{E(p)}\exp\left[-\frac{p}{E(p)}b^*(\vec{n}\cdot\vec{a}^*)\right]|0\rangle\end{aligned} \tag{3.4}$$

ここで$\vec{n}$は回転U^Rで$(0,0,1)$から得られる単位ベクトルである．相互作用は重心X_μから$\pm\frac{1}{2}x_\mu$だけ離れている所でおこるので，$e^{\pm ikx/2}$をvertexに入れなければならない．これを考えにいれれば散乱振幅Aは定数を除いて

$$A=\left[\frac{\kappa_0}{E(p)}\right]^2\langle 0|\exp\left[-\frac{p}{E(p)}b(\vec{n}\cdot\vec{a})\right]\exp\left[\frac{i}{2}k'x\right]\frac{1}{{q_0}^2-{\kappa_0}^2-\kappa_1\vec{a}^*\cdot\vec{a}}\Lambda\times$$
$$\times\exp\left[-\frac{i}{2}kx\right]\exp\left[-\frac{p}{E(p)}b^*a_3^*\right]|0\rangle$$
$$k=(k_0,0,0,-p),\qquad k'=(k_0,-p\vec{n}),\qquad q_0=p_0+k_0=p_0'+k_0' \tag{3.5}$$

となる．$\exp\left[\frac{i}{2}kx\right]$は(1.9)のようにordered formになるので，射影演算子Λの性質を用いると

$$A=\left[\frac{\kappa_0}{E(p)}\right]^2\exp\left[-\frac{1}{8\kappa_1}({k_0}^2+p^2)\right]\langle 0|\exp\left[\frac{i}{2}\sqrt{\frac{1}{2\kappa_1}}\left(+\frac{pk_0}{E(p)}+p\right)\vec{n}\cdot\vec{a}\right]\times$$
$$\times\frac{1}{{q_0}^2-{\kappa_0}^2-\kappa_1\vec{a}^*\vec{a}}\exp\left[\frac{i}{2}\sqrt{\frac{1}{2\kappa_1}}\left(\frac{pk_0}{E(p)}+p\right)a_3^*\right]|0\rangle \tag{3.6}$$

となる．$\vec{a}^*\cdot\vec{a}$の固有値がつねに正の整数であるので，伝播関数は

$$\frac{1}{{q_0}^2-{\kappa_0}^2-\kappa_1\vec{a}^*\cdot\vec{a}}=\frac{-i}{2\kappa_1}\frac{e^{-i\pi\alpha}}{\sin\pi\alpha}\int_0^{2\pi}d\theta\, e^{i\theta(\alpha-N)}$$
$$\alpha=({q_0}^2-{\kappa_0}^2)/\kappa_1,\qquad N=\vec{a}^*\cdot\vec{a} \tag{3.7}$$

と書ける．したがって，(3.6)は

$$A=\left[\frac{\kappa_0}{E(p)}\right]^2\exp\left[-\frac{1}{8\kappa_1}({k_0}^2+p^2)\right]\left(\frac{-i}{2\kappa_1}\right)\frac{e^{-i\pi\alpha}}{\sin\pi\alpha}\times$$
$$\times\int_0^{2\pi}d\theta\, e^{i\alpha\theta}\langle 0|\exp\left[\frac{i}{2}\sqrt{\frac{1}{2\kappa_1}}\left(1+\frac{k_0}{E(p)}\right)p(\vec{n}\cdot\vec{a})\right]$$
$$\times\exp\left[\frac{i}{2}\sqrt{\frac{1}{2\kappa_1}}\left(1+\frac{k_0}{E(p)}\right)pa_3^*e^{+i\theta}\right]|0\rangle \tag{3.8}$$

となる．ここで

$$e^{-i\theta N}ae^{i\theta N}=e^{i\theta}a$$

を用いた．これからただちに

$$A=\left[\frac{\kappa_0}{E(p)}\right]^2\exp\left[-\frac{1}{8\kappa_1}(k_0{}^2+p^2)\right]\left(\frac{-i}{2\kappa_1}\right)\frac{e^{-i\pi\alpha}}{\sin\pi\alpha}\times$$

$$\times\int_0^{2\pi}d\theta\, e^{i\alpha\theta}\exp\left[-\frac{p^2}{8\kappa_1}\left(1+\frac{k_0}{E(p)}\right)^2\cos\varphi\, e^{i\theta}\right]$$

$$\vec{n}=(n_1,n_2,n_3),\qquad n_3=\cos\varphi \tag{3.9}$$

をうる．マンデルシュタム変数

$$(p_\mu+k_\mu)^2=s,\qquad (p_\mu-p_\mu')^2=t,\qquad (p-k')^2=u \tag{3.10}$$

を用い，bi-local 場と外場の終状態，始状態の質量をひとしくとれば，

$$q_0{}^2=s,\qquad -2p^2(1-\cos\varphi)=t,\qquad k_0=p_0=\frac{1}{2}q_0=\frac{1}{2}\sqrt{s}$$

$$p^2=\frac{s}{4}-\kappa_0{}^2$$

であるから

$$A=\frac{4\kappa_0{}^2}{s}\frac{-i}{2\kappa_1}\frac{e^{-i\pi\alpha(s)}}{\sin\pi\alpha(s)}\exp\left[-\frac{1}{16\kappa_1}(s-3\kappa_0{}^2)\right]\int_0^{2\pi}d\theta e^{i\alpha\theta}\exp\left[-\frac{1}{4\kappa_1}(s+2t-4\kappa_0{}^2)e^{i\theta}\right]$$

$$=\frac{-2\kappa_0{}^2}{s\kappa_1}\frac{e^{-i\pi\alpha(s)}}{\sin\pi\alpha(s)}\exp\left[-\frac{1}{16\kappa_1}(s-3\kappa_0{}^2)\right]\int_C dz\, z^{\alpha-1}\exp\left[-\frac{1}{4\kappa_1}(s+2t-4\kappa_0{}^2)z\right]$$

$$\alpha(s)=\frac{1}{\kappa_1}(s-3\kappa_0{}^2)$$

C：原点を中心にする単位円　　(3.11)

となる．これは $s\to\infty$ で指数関数的に減少する関数である．また $\alpha(s)=N$（整数）で極をもつが，これは中間状態にある励起状態に対応する極である．すなわち，共鳴現象の説明に適した形になっている．しかし，このチャネルではレッジェ的振舞い（$\sim s^{\alpha(t)}$）は出てこない．

レッジェ理論においては，ここで計算したグラフの交叉対称なグラフの散乱振幅の高エネルギー極限が $s^{\alpha(t)}$ の振舞いをする．したがって，その様子を知るには，中間状態が空間的な運動量をもつ振幅を求めなければならない．しかし，今用いた bi-local 場では

$$P_\mu a^{\mu*}|\Psi\rangle=0$$

の補助条件をこの場合にどう用いるかが問題である．$P^2>0$ の場合は，この条件をみたす射影演算子は容易につくれるが，$P^2<0$ の場合にはそのような射影

演算子は存在しない．したがって，いまの所，散乱振幅の計算方法がないわけである．これに反して，補助条件を

$$P_\mu a^\mu |\Psi\rangle = 0$$

ととり，不定計量を用いる理論では P_μ が空間的な場合も射影演算子がつくれるので，形状因子ではあまり面白い結果を与えてくれなかったが，散乱振幅の議論には有用である．これは後の節で bi-local 場同士の相互作用を論ずる際にくわしく述べることにしよう．

§4.4　無限成分波動方程式と散乱振幅

前節の bi-local 場ではボルン近似における散乱振幅を完全に求めることができない．しかし，無限成分場では方程式をうまくつくっておけば補助条件からくる困難はさけることができるので，ボルン近似での散乱振幅を全体として調べることが可能になる．もちろん，この場合には P_μ について2次以上の波動方程式を用いないと単調増加の質量スペクトルをもつようなものがないので高階微分の方程式になる．空間的な P_μ をもつ解を排除するには混合型の方程式第3章(3.17)などを用いればよいが，以下では簡単のため，P_μ の6次の方程式を用いることにする．これもタキオンの解は存在しない．いずれにせよ高階微分の場であるから，場の理論の立場からみれば，第二量子化の段階で困難が生ずるだろう．ここではそれにはこだわらずに

$$[(P_\mu P^\mu)^3-(\kappa_0 P_\mu V^\mu)^2]\psi = W\psi = 0 \qquad (4.1)$$

$(V_\mu$：第3章(3.2c))

の方程式から伝播関数を W^{-1} で定義してファインマン図を用いて散乱振幅を求めることにする．

まず(第3章) §3.3 で述べたマヨラナ表現の取扱いについて次のような変更を行う．

$$S_i = \frac{1}{2}a^*\sigma_i a, \qquad R_k = \frac{i}{4}[a(\sigma_2\sigma_k)a - a^*(\sigma_k\sigma_2)a^*]$$

$$V_0 = \frac{1}{2}(a^*a+1), \qquad V_k = \frac{-1}{4}[a(\sigma_2\sigma_k)a + a^*(\sigma_k\sigma_2)a^*)] \qquad (4.2)$$

としよう．これは R_k と V_k を入れかえたことに対応するが，もともと (S_i, V_0, R_k, V_k) は全体として $SO(3,2)$ の代数を満足するのでこの選び方は任意性があ

る．このいれかえは $e^{i\pi V_0}$ のユニタリー変換でおこなわれることは容易に確かめられる．次に a, a^* を次のように微分演算子であらわす．これも第4章(3.21)と少し異なっている．

$$a_1 = \frac{1}{\sqrt{2}}\left(z + \frac{\partial}{\partial z^*}\right), \qquad a_1^* = \frac{1}{\sqrt{2}}\left(z^* - \frac{\partial}{\partial z}\right)$$
$$a_2 = \frac{1}{\sqrt{2}}\left(z^* + \frac{\partial}{\partial z}\right), \qquad a_2^* = \frac{1}{\sqrt{2}}\left(z - \frac{\partial}{\partial z^*}\right) \tag{4.3}$$

ここで

$$z = \frac{1}{\sqrt{2}} r e^{-i\varphi}, \qquad z^* = \frac{1}{\sqrt{2}} r e^{i\varphi} \tag{4.4}$$

とおくと

$$a_1 = \frac{1}{2} e^{-i\varphi}\left[r + \frac{\partial}{\partial r} - \frac{i}{r}\frac{\partial}{\partial \varphi}\right], \qquad a_1^* = \frac{1}{2} e^{i\varphi}\left[r - \frac{\partial}{\partial r} - \frac{i}{r}\frac{\partial}{\partial \varphi}\right]$$
$$a_2 = \frac{1}{2} e^{i\varphi}\left[r + \frac{\partial}{\partial r} + \frac{i}{r}\frac{\partial}{\partial \varphi}\right], \qquad a_2^* = \frac{1}{2} e^{-i\varphi}\left[r - \frac{\partial}{\partial r} + \frac{i}{r}\frac{\partial}{\partial \varphi}\right] \tag{4.5}$$

となり，$S_3, R_1 \pm iR_2, V_3$ がこの極座標を用いると次のような簡単な微分演算子になる．

$$S_3 = \frac{1}{2i}\frac{\partial}{\partial \varphi}, \qquad V_3 = \frac{1}{2i}\left(r\frac{\partial}{\partial r} + 1\right)$$
$$R_1 + iR_2 = -\frac{1}{2} e^{2i\varphi}\left(r\frac{\partial}{\partial r} + i\frac{\partial}{\partial \varphi}\right)$$
$$R_1 - iR_2 = \frac{1}{2} e^{-2i\varphi}\left(r\frac{\partial}{\partial r} - i\frac{\partial}{\partial \varphi}\right)$$
$$R_1^2 + R_2^2 - S_3^2 = -\frac{1}{2} r\frac{\partial}{\partial r}\left(\frac{1}{2} r\frac{\partial}{\partial r} + 1\right) \tag{4.6}$$

これらの表式は P_μ が空間的な場合に有用になる．また

$$|LM\rangle = \frac{1}{\sqrt{(L+M)!(L-M)!}}(a_1^*)^{L+M}(a_2^*)^{L-M}|0\rangle$$

の極座標を用いた波動関数は

$$\langle r\theta|LM\rangle = u_{LM} = \sqrt{\frac{(L-M)!}{(L+M)!}}\rho^M e^{-(\rho/2)} L_{L-M}^{2M}(\rho) e^{2iM\varphi} \tag{4.7}$$

となる．ここで $L_N^n(x)$ はラゲール多項式である．

さて散乱振幅のうち図4.4aは，中間状態の P_μ が時間的な場合であるからさして困難なしに求めることができるので，ここでは練習問題に残しておく．問題は図4.4bの中間状態が空間的 P_μ をもつ場合である．図のような四元ベクトルを考えると運動学的関係は

$$K = 2P_3 = 2P_3' \qquad -K^2 = t = -4m^2\,\mathrm{sh}^2\omega = -4m^2\,\mathrm{sh}^2\omega'\cos^2\theta$$

$$s = 2m^2+2P_0P_0'+P_3^2 = 2m^2(1+\mathrm{ch}\,\omega\,\mathrm{ch}\,\omega'+\mathrm{sh}^2\omega)$$

$$P_3' = P'\cos\theta, \qquad P_1' = P'\sin\theta$$

$$P_0 = m\,\mathrm{ch}\,\omega, \qquad P_3 = m\,\mathrm{sh}\,\omega, \qquad P_0' = m\,\mathrm{ch}\,\omega', \qquad P' = m\,\mathrm{sh}\,\omega' \qquad (4.8)$$

となる．(すべての外線の質量を m とした．)

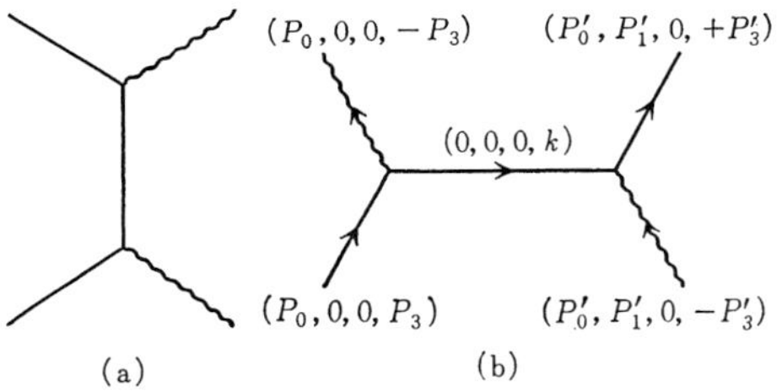

図 4.4

さて W^{-1} を求めることにする．$P_\mu=(0,0,0,K)$ ととると

$$W = -K^2(K^4+\kappa_0{}^2V_3{}^2) \qquad (4.9)$$

であるから V_3 の固有関数を用いると便利である．(4.6)より

$$V_3u = \alpha u, \qquad S_3u = Mu \qquad (4.10)$$

の関数は

$$u_\alpha^M(r,\varphi) = \frac{1}{\sqrt{2\pi}}r^{-1+2i\alpha}e^{2iM\varphi} \qquad (4.11)$$

となる．これを用いると恒等行列は

$$1 = \frac{1}{2\pi^2}\int d\alpha \sum_{2M=-\infty}^{\infty}\frac{1}{rr'}e^{2iM(\varphi-\varphi')}\left(\frac{r}{r'}\right)^{2i\alpha} = \sum_M\int d\alpha\; u_\alpha^M(r\varphi)u_\alpha^M(r'\varphi')^* \qquad (4.12)$$

となることは容易に確かめられる．これを用いると

$$W^{-1} = \frac{1}{2\pi^2}\frac{1}{t}\int_{-\infty}^{\infty}d\alpha\sum_M\frac{1}{t^2+\kappa_0{}^2\alpha^2}u_\alpha^M(r,\varphi)u_\alpha^M(r'\varphi')^* \qquad (4.13)$$

となる．

次に $(P_0, 0, 0, P_3)=m(\mathrm{ch}\,\omega, 0, 0, \mathrm{sh}\,\omega)$ の基底状態の波動関数は

$$\langle r, \varphi | \omega;\ 0\rangle = \langle r, \varphi | e^{i\omega R_3} | 0\rangle$$
$$= \frac{1}{\mathrm{ch}\frac{\omega}{2}} \sum_{l=0}^{\infty} \left(-i\,\mathrm{th}\frac{\omega}{2}\right)^l \langle r, \varphi | l, m=0\rangle \tag{4.14}$$

であり，$m(\mathrm{ch}\,\omega', \mathrm{sh}\,\omega' \sin\theta, 0, \mathrm{sh}\,\omega' \cos\theta)$ の波動関数は

$$\langle r, \varphi | \omega, \theta;\ 0\rangle = \frac{1}{\mathrm{ch}\frac{\omega'}{2}} \sum_{l=0}^{\infty} \left(-i\,\mathrm{th}\frac{\omega'}{2}\right)^l \langle r, \varphi | e^{i\theta S_2} | l, m=0\rangle$$
$$= \frac{1}{\mathrm{ch}\frac{\omega'}{2}} \sum_{l=0,}^{\infty} \sum_{m=-l}^{l} \left(-i\,\mathrm{th}\frac{\omega'}{2}\right)^l \sqrt{\frac{4\pi}{2l+1}} Y^*_{lm}(\theta, 0) \langle r, \varphi | l, m\rangle \tag{4.15}$$

(4.14) より

$$\int_0^{2\pi} d\varphi \int_0^{\infty} dr r\ u^M_\alpha(r\varphi)^* \langle r\varphi | \omega 0\rangle$$
$$= \sqrt{2}\,\delta_{M,0} \frac{1}{\mathrm{ch}\frac{\omega}{2}} \sum_{l=0}^{\infty} \left(-i\,\mathrm{th}\frac{\omega}{2}\right)^l \int_0^{\infty} dr\ r^{-2i\alpha} e^{-(r^2/2)} L_l^0(r^2)$$
$$= \frac{\delta_{M,0}}{\sqrt{2}} \frac{1}{\mathrm{ch}\frac{\omega}{2}} \int_0^{\infty} d\rho\ \rho^{-(1/2)-i\alpha}\ e^{-(\rho/2)} \sum_{l=0}^{\infty} \left(-i\,\mathrm{th}\frac{\omega}{2}\right)^l L_l^0(\rho)$$
$$= \frac{\delta_{M,0}}{\sqrt{2}} \frac{1}{\mathrm{ch}\frac{\omega}{2}} \int_0^{\infty} d\rho\ \rho^{-(1/2)-i\alpha}\ e^{-(\rho/2)} \frac{1}{1+i\,\mathrm{th}\frac{\omega}{2}} \exp\left[\frac{+\rho\left(i\,\mathrm{th}\frac{\omega}{2}\right)}{1+i\,\mathrm{th}\frac{\omega}{2}}\right]$$
$$= \frac{\delta_{M,0}}{\sqrt{2}} \frac{1}{\mathrm{ch}\frac{\omega}{2}+i\,\mathrm{sh}\frac{\omega}{2}} \int_0^{\infty} d\rho\ \rho^{-(1/2)-i\alpha} \exp\left[-\frac{\rho}{2}\frac{1-i\,\mathrm{th}\frac{\omega}{2}}{1+i\,\mathrm{th}\frac{\omega}{2}}\right]$$
$$= \frac{\delta_{M,0}}{\sqrt{2}} \frac{1}{\mathrm{ch}\frac{\omega}{2}} \left[\frac{1}{1+i\,\mathrm{th}\frac{\omega}{2}}\right] \left[2\frac{1+i\,\mathrm{th}\frac{\omega}{2}}{1-i\,\mathrm{th}\frac{\omega}{2}}\right]^{(1/2)-i\alpha} \Gamma\left(\frac{1}{2}-i\alpha\right) \tag{4.16}$$

ここでラゲールの多項式の母関数

$$\frac{e^{-xt/(1-t)}}{(1-t)^{\alpha+1}}=\sum_{n=0}^{\infty}L_n^{(\alpha)}(x)t^n \qquad (|t|<1)$$

と

$$\Gamma(z)=\int_0^\infty dt\, t^{z-1}e^{-t} \qquad (\mathrm{Re}\, z>0)$$

を用いた.

同様にして(4.15)より

$$\int\langle\omega\theta 0|r\varphi\rangle u_\alpha^0(r\varphi)rdrd\varphi$$

$$=\frac{1}{\mathrm{ch}\frac{\omega'}{2}}\sum_{l=0}^{\infty}\left(i\,\mathrm{th}\frac{\omega'}{2}\right)^l\sqrt{\frac{2}{\pi}}P_l(\cos\theta)\int_0^\infty dr\, r^{2i\alpha r}e^{-(r^2/2)}L_l^0(r^2)$$

$$=\sqrt{\frac{2}{\pi}}\frac{1}{\mathrm{ch}\frac{\omega'}{2}}\sum_{l=0}^{\infty}\int_0^\infty d\rho\,\rho^{-(1/2)+i\alpha}e^{-(\rho/2)}L_l^0(\rho)\left(i\,\mathrm{th}\frac{\omega'}{2}\right)^l P_l(\cos\theta)$$

$$=\sqrt{\frac{2}{\pi}}\frac{1}{\mathrm{ch}\frac{\omega'}{2}}\sum_{l=0}^{\infty}\int_0^\infty d\rho\,\rho^{-(1/2)+i\alpha}\frac{1}{2\pi i}\oint d\xi\frac{e^{-(\rho(1+\xi)/2(1-\xi))}}{\xi^{l+1}(1-\xi)}\left(i\,\mathrm{th}\frac{\omega'}{2}\right)^l P_l(\cos\theta)$$

$$=\sqrt{\frac{2}{\pi}}\frac{1}{\mathrm{ch}\frac{\omega'}{2}}\frac{1}{2\pi i}\oint\frac{d\xi}{\xi(1-\xi)}\int_0^\infty d\rho\,\rho^{-(1/2)+i\alpha}e^{-(\rho/2)[(1+\xi)/(1-\xi)]}\times$$

$$\times\frac{1}{\sqrt{1-2\left(\frac{i\,\mathrm{th}\frac{\omega'}{2}}{\xi}\right)\cos\theta+\left(\frac{i\,\mathrm{th}\frac{\omega'}{2}}{\xi}\right)^2}}$$

$$=\sqrt{\frac{2}{\pi}}\frac{1}{\mathrm{ch}\frac{\omega'}{2}}\frac{1}{2\pi i}\oint\frac{d\xi}{1-\xi}\int_0^\infty d\rho\,\rho^{-(1/2)+i\alpha}e^{-(\rho/2)[(1+\xi)/(1-\xi)]}\times$$

$$\times\frac{1}{\sqrt{\xi^2-2\xi i\,\mathrm{th}\frac{\omega'}{2}\cos\theta-\mathrm{th}^2\frac{\omega'}{2}}} \qquad (4.17)$$

ここでξの積分路は半径1よりわずかに小さい円をとることにする．またこの式ではラゲール多項式とルジャンドルの多項式の母関数を用いた．さらにΓ関数を用いて(4.17)は

$$\sqrt{\frac{2}{\pi}}\frac{1}{\operatorname{ch}\frac{\omega'}{2}}\Gamma\left(\frac{1}{2}+i\alpha\right)2^{(1/2)+i\alpha}\frac{1}{2\pi i}\oint\frac{d\xi}{1-\xi}\left(\frac{1-\xi}{1+\xi}\right)^{(1/2)+i\alpha}\times$$

$$\times\frac{1}{\sqrt{\xi^2-\operatorname{th}^2\frac{\omega'}{2}-2i\xi\operatorname{th}\frac{\omega'}{2}\cos\theta}} \tag{4.18}$$

となる.

(4.13), (4.16), (4.18) より, 散乱振幅 A は次のように求められる.

$$A\propto\frac{1}{\operatorname{ch}\frac{\omega}{2}\operatorname{ch}\frac{\omega'}{2}}\int_{-\infty}^{\infty}d\alpha\frac{1}{t(t^2+\kappa_0{}^2\alpha^2)}\frac{1}{2\pi i}\oint\frac{d\xi}{1-\xi}\left(\frac{1-\xi}{1+\xi}\right)^{(1/2)+i\alpha}\times$$

$$\times\frac{1}{\sqrt{\xi^2-\operatorname{th}^2\frac{\omega'}{2}-2\xi i\operatorname{th}\frac{\omega'}{2}\cos\theta}}\cdot\frac{1}{1+i\operatorname{th}\frac{\omega}{2}}\left(\frac{1+i\operatorname{th}\frac{\omega}{2}}{1-i\operatorname{th}\frac{\omega}{2}}\right)^{(1/2)-i\alpha}\frac{\pi}{\operatorname{ch}\pi\alpha} \tag{4.19}$$

となる. ここで

$$\frac{1+\xi}{1-\xi}=\eta,\qquad \xi=-\frac{1-\eta}{1+\eta}$$

と変数変換をすれば, (4.19) は

$$A\propto\frac{1}{\left(\operatorname{ch}\frac{\omega}{2}+i\operatorname{sh}\frac{\omega}{2}\right)}\int_{-\infty}^{\infty}d\alpha\frac{1}{t(t^2+\kappa_0{}^2\alpha^2)}\left(\frac{1+i\operatorname{th}\frac{\omega}{2}}{1-i\operatorname{th}\frac{\omega}{2}}\right)^{(1/2)-i\alpha}\frac{\pi}{\operatorname{ch}\pi\alpha}\cdot\frac{1}{2\pi i}\oint d\eta\times$$

$$\times\eta^{(1/2)+i\alpha}\frac{1}{\sqrt{\eta^2\frac{1-i\operatorname{sh}\omega'\cos\theta}{1+i\operatorname{sh}\omega'\cos\theta}-2\eta\frac{\operatorname{ch}\omega'}{1+i\operatorname{sh}\omega'\cos\theta}+1}}\frac{1}{\sqrt{+1+i\operatorname{sh}\omega'\cos\theta}}$$

$$=\frac{1}{\left(\operatorname{ch}\frac{\omega}{2}+i\operatorname{sh}\frac{\omega}{2}\right)}\frac{1}{\sqrt{1-2i\operatorname{sh}\omega'\cos\theta}}\frac{1}{t}\times$$

$$\times\int_{-\infty}^{\infty}d\alpha\frac{1}{t^2+\kappa_0{}^2\alpha^2}\left(\frac{1+i\operatorname{th}\frac{\omega}{2}}{1-i\operatorname{th}\frac{\omega}{2}}\right)^{(1/2)-i\alpha}\frac{\pi}{\operatorname{ch}\pi\alpha}\frac{1}{\pi i}\oint d\eta\ \eta^{-(1/2)-i\alpha}\frac{1}{\sqrt{\eta^2-2\eta z+1}}\times$$

$$\times\left(\frac{1-i\operatorname{sh}\omega'\cos\theta}{1+i\operatorname{sh}\omega'\cos\theta}\right)^{-(i/2)\alpha} \tag{4.20}$$

$$z=\frac{\mathrm{ch}\,\omega'}{1+i\,\mathrm{sh}\,\omega'\cos\theta}\left(\frac{1+i\,\mathrm{sh}\,\omega'\cos\theta}{1-i\,\mathrm{sh}\,\omega'\cos\theta}\right)^{(1/2)}=\mathrm{ch}\,\omega'\sqrt{\frac{1}{1+4\,\mathrm{sh}^2\omega'\cos^2\theta}} \tag{4.21}$$

となり，ルジャンドル関数の積分表示より

$$A\propto\frac{1}{\mathrm{ch}\frac{\omega}{2}+i\,\mathrm{sh}\frac{\omega}{2}}\frac{1}{\sqrt{1-2i\,\mathrm{sh}\,\omega}}\frac{1}{t}\int_{-\infty}^{\infty}d\alpha\frac{1}{t^2+\kappa_0{}^2\alpha^2}\left(\frac{1+i\,\mathrm{th}\frac{\omega}{2}}{1-i\,\mathrm{th}\frac{\omega}{2}}\right)^{(1/2)-i\alpha}\times$$
$$\times\frac{2\pi}{\mathrm{ch}\,\pi\alpha}\left[\frac{1+i\,\mathrm{sh}\,\omega}{1-i\,\mathrm{sh}\,\omega}\right]^{-(i/2)\alpha}P_{-(1/2)-i\alpha}(z) \tag{4.22}$$

となる．ここで(4.8)の関係を用いた．なおωはtにのみ依存する量である．sが充分大きい場合には(4.8)より$\mathrm{ch}\,\omega'\sim s/m^2$であるからルジャンドル関数の漸近形より

$$A\propto\int_{-\infty}^{\infty}d\alpha\frac{1}{t^2+\kappa_0{}^2\alpha^2}s^{-(1/2)-i\alpha}\frac{a^{i\alpha}}{\mathrm{ch}\,\pi\alpha}\qquad(s\to\infty) \tag{4.23}$$

となる．ここではtを固定して考えている．aはtのみに依存する量である．しかし，$s\to\infty$でこれは$s^{-(1/2)}$よりは速く小さくなる関数であるから，いわゆるレッジェ的な振舞いを示してくれない．このことは単に構造をもったものの交換を考えるときいつもレッジェ的な散乱振幅が得られるとは限らないことを示している．

伝播関数の定義でW^{-1}として(4.13)を用いたが，これは一意的ではない．(4.13)に

$$WU=0 \tag{4.24}$$

をみたすUをつけ加えてもよいはずであり，そのような関数として

$$r^{-1+\beta},\qquad\beta=2(-t/\kappa_0)$$

を用いると，$r\to\infty$での境界条件をみたさないが，外線の波動関数との積の積分は存在する．この項を残すことは(4.23)で$\alpha=it/\kappa_0$の極の寄与を残すことに相当する．したがって，このときには

$$A\propto s^{-(1/2)-(t/\kappa_0)}$$

となり，レッジェ理論から期待される形になるが，これはどの程度理論的裏づけをすることができるかわからない．

この節では，外部局所場と無限成分場の相互作用として散乱振幅を求めることを試みたために，外線の変数の入れかえについての対称性は全くない．このような対称性をうるにはすべてを同種の無限成分場として相互作用を論じなければならない．

§4.5 Bi-local 場の散乱振幅 II

(1.1) で定義された bi-local 場を用いて補助条件

$$P_\mu a^\mu |\Psi\rangle = 0 \tag{5.1}$$

を用いることにしよう．(1.2) の条件が空間的な P_μ の場合にうまく取り扱えなかったため散乱振幅のボルン項が完全に分析できなかったのに対して，(1.5) はこのままの形ですべての P_μ に対して成り立つとして議論をすすめることができる．その代り，不定計量を用いるので，§4.1 でのべたようにローレンツ短縮のような効果がうまく入らないので形状因子については面白い結果を与えない．

1) Vertex 関数

相互作用は三つの bi-local 場 a, b, c が図 4.5 のように入ってきて全体として消えるとして考えることにする．黒と白が互に結び合っているのはクォークと反クォークの消滅をあらわす．黒のもつ運動量を $p_\mu^{(1)}$，白のそれを $p_\mu^{(2)}$ とあらわす．a, b, c の bi-local 場の状態ベクトルをそれぞれ $|a\rangle, |b\rangle, |c\rangle$ とすれば，相互作用はこの三つのベクトルのテンソル積 $|a\rangle \otimes |b\rangle \otimes |c\rangle$ からつくられるベクトル空間上で定義された汎関数として考えられる．この汎関数を $|V\rangle$ とすれば，vertex 関数は

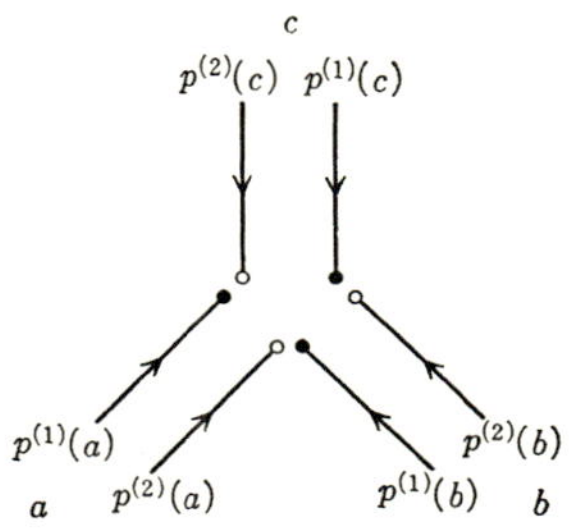

図 4.5

$$V(a,b,c)=\langle V|a,b,c\rangle$$
$$|a,b,c\rangle=|a\rangle\otimes|b\rangle\otimes|c\rangle \tag{5.2}$$

となる．いま最も簡単なものとしてスカラー相互作用で図4.5に対応するものを考えれば，$|V\rangle$は次の条件をみたす．

$$[x_\mu^{(1)}(b)-x_\mu^{(2)}(a)]|V\rangle=0$$
$$[p_\mu^{(1)}(b)+p_\mu^{(2)}(a)]|V\rangle=0$$
$$\text{および } a\to b,\ b\to c;\ b\to c,\ c\to a \text{ としたもの} \tag{5.3}$$

(5.3)は $x^{(1)}(b)$ と $x^{(2)}(a)$ が一致して運動量がそこで保存していることを意味し，簡単にかけば

$$\text{const.}\times\delta^4(x^{(1)}(b)-x^{(2)}(a))\delta^4(x^{(1)}(c)-x^{(2)}(b))\delta^4(x^{(1)}(a)-x^{(2)}(c)) \tag{5.4}$$

ということであるが，不定計量を用いているので一般に $x^{(1)}, x^{(2)}$ は複素数になっているので δ 関数の意味がはっきりしなくなるおそれがある．それで(5.4)の代りに(5.3)を用いている．

(1.1)より

$$x_\mu^{(1)}=X_\mu+\frac{1}{2}x_\mu,\qquad x_\mu^{(2)}=X_\mu-\frac{1}{2}x_\mu$$
$$p_\mu^{(1)}=\frac{1}{2}P_\mu+p_\mu,\qquad p_\mu^{(2)}=\frac{1}{2}P_\mu-p_\mu \tag{5.5}$$

であるから(5.3)は

$$\left[(X_\mu(b)-X_\mu(a))+\frac{1}{2}(x_\mu(b)+x_\mu(a))\right]|V\rangle=0$$
$$\left[\frac{1}{2}(P_\mu(b)+P_\mu(a))+(p_\mu(b)-p_\mu(a))\right]|V\rangle=0$$
$$(a,b,c\text{ は cyclic}) \tag{5.6}$$

(5.6)よりただちに次の条件が得られる．

$$[x_\mu(a)+x_\mu(b)+x_\mu(c)]|V\rangle=0$$
$$[P_\mu(a)+P_\mu(b)+P_\mu(c)]|V\rangle=0 \tag{5.7}$$

この第2式はエネルギー運動量の保存を意味する．

さて，x_μ, p_μ は相対座標で(1.1)で与えられるように励起子の演算子を用いてあらわされ，X_μと P_μ は連続変数とその微分としてあらわされる．そこで

$X_\mu(a), x_\mu(a)$ などの代りに次のような演算子を用いることにする.

$$
\begin{aligned}
Y_\mu^{(1)} &= \frac{1}{\sqrt{2}}(X_\mu(a)-X_\mu(b)) & Q_\mu^{(1)} &= \frac{1}{\sqrt{2}}(P_\mu(a)-P_\mu(b)) \\
Y_\mu^{(2)} &= \frac{1}{\sqrt{6}}(X_\mu(a)+X_\mu(b)-2X_\mu(c)) & Q_\mu^{(2)} &= \frac{1}{\sqrt{6}}(P_\mu(a)+P_\mu(b)-2P_\mu(c)) \\
Y_\mu^{(3)} &= \frac{1}{\sqrt{3}}(X_\mu(a)+X_\mu(b)+X_\mu(c)) & Q_\mu^{(3)} &= \frac{1}{\sqrt{3}}(P_\mu(a)+P_\mu(b)+P_\mu(c)) \\
y_\mu^{(1)} &= \frac{1}{\sqrt{2}}(x_\mu(a)-x_\mu(b)) & q_\mu^{(1)} &= \frac{1}{\sqrt{2}}(p_\mu(a)-p_\mu(b)) \\
y_\mu^{(2)} &= \frac{1}{\sqrt{6}}(x_\mu(a)+x_\mu(b)-2x_\mu(c)) & q_\mu^{(2)} &= \frac{1}{\sqrt{6}}(p_\mu(a)+p_\mu(b)-2p_\mu(c)) \\
y_\mu^{(3)} &= \frac{1}{\sqrt{3}}(x_\mu(a)+x_\mu(b)+x_\mu(c)) & q_\mu^{(3)} &= \frac{1}{\sqrt{3}}(p_\mu(a)+p_\mu(b)+p_\mu(c))
\end{aligned}
\tag{5.8}
$$

これらの量を用いると(5.6)は(5.7)およびそれと独立な条件に書くことができる. その結果は(5.7)を考えに入れることにより

$$
\begin{aligned}
& y_\mu^{(3)}|V\rangle = 0 \\
& \left[-Y_\mu^{(1)}+\frac{1}{\sqrt{12}}y_\mu^{(2)}\right]|V\rangle = 0 \\
& \left[-Y_\mu^{(2)}-\frac{1}{\sqrt{12}}y_\mu^{(1)}\right]|V\rangle = 0 \\
& Q_\mu^{(3)}|V\rangle = 0 \\
& \left[-q_\mu^{(1)}+\frac{1}{\sqrt{12}}Q_\mu^{(2)}\right]|V\rangle = 0 \\
& \left[-q_\mu^{(2)}-\frac{1}{\sqrt{12}}Q_\mu^{(1)}\right]|V\rangle = 0
\end{aligned}
\tag{5.9}
$$

となる. そこで,

$$
|V\rangle = \exp\left[-i\frac{1}{\sqrt{12}}(Q_\mu^{(1)}y^{(2)\mu}-Q_\mu^{(2)}y^{(1)\mu})\right]|V_0\rangle \tag{5.10}
$$

とおくと, (5.9)は簡単になる. すなわち

$$
\begin{aligned}
& Y_\mu^{(1)}|V_0\rangle = 0, \quad Y_\mu^{(2)}|V_0\rangle = 0, \quad y_\mu^{(3)}|V_0\rangle = 0 \\
& q_\mu^{(1)}|V_0\rangle = 0, \quad q_\mu^{(2)}|V_0\rangle = 0, \quad Q_\mu^{(3)}|V_0\rangle = 0
\end{aligned}
\tag{5.11}
$$

(5.11)より $|V_0\rangle$ を求めることは容易である. $Y^{(1)}=Y^{(2)}=0$ の条件は $|V_0\rangle$ に

$Q^{(1)}, Q^{(2)}$ を含まないことであり，$Q^{(3)}|V_0\rangle=0$ は $|V_0\rangle\propto\delta^4(Q^{(3)})$ を意味する．$q^{(1)}$, $q^{(2)}, y^{(3)}$ がゼロになるようなものは励起子演算子を用いて

$$\exp\left[\frac{1}{2}(\alpha_\mu^{(1)\dagger})^2+(\alpha_\mu^{(2)\dagger})^2-(\alpha_\mu^{(3)\dagger})^2\right]|0\rangle$$

$$\alpha_\mu^{(1)\dagger}=\frac{1}{\sqrt{2}}(a_\mu^\dagger-b_\mu^\dagger),\qquad \alpha_\mu^{(2)\dagger}=\frac{1}{\sqrt{6}}(a_\mu^\dagger+b_\mu^\dagger-2c_\mu^\dagger)$$

$$\alpha_\mu^{(3)\dagger}=\frac{1}{\sqrt{3}}(a_\mu^\dagger+b_\mu^\dagger-c_\mu^\dagger) \tag{5.12}$$

(a_μ, b_μ, c_μ および $a_\mu^\dagger, b_\mu^\dagger, c_\mu^\dagger$ は a, b, c, 各 bi-local 場の励起子演算子とする．)

となる．(5.12)を用いて(5.10)の $|V\rangle$ を求めると

$$\begin{aligned}|V\rangle &= \text{const.}\times\delta^4(P_\mu(a)+P_\mu(b)+P_\mu(c))\times\\ &\times\exp\left[\frac{1}{36\kappa_1}\{P(a)^2+P(b)^2+P(c)^2-P(a)P(b)-P(b)P(c)-P(c)P(a)\}\right]\times\\ &\times\exp\Bigg[-i\sqrt{\frac{1}{2\kappa_1}}\times\\ &\qquad\times\frac{1}{3}\{(P_\mu(b)-P_\mu(c))a^{\dagger\mu}+(P_\mu(c)-P_\mu(a))b^{\dagger\mu}+(P_\mu(a)-P_\mu(b))c^{\dagger\mu}\}\Bigg]\times\\ &\times\exp\left[\frac{1}{3}(a_\mu^\dagger+b_\mu^\dagger+c_\mu^\dagger)^2\right]\exp\left[-\frac{1}{2}((a_\mu^\dagger)^2+(b_\mu^\dagger)^2+(c_\mu^\dagger)^2)\right]|0\rangle\end{aligned} \tag{5.13}$$

となる．これは $a\to b\to c\to a$ のサイクリックなおきかえに対して不変になっている．

2) 射影演算子と伝播関数

次に補助条件(5.1)をみたす射影演算子 Λ を求めよう．これはコヒーレント表示を用いて次のように求まる．

$$\begin{aligned}\Lambda(P) &= \int d\mu(z)\exp(O^{\mu\nu}(P)z_\mu a_\mu^\dagger)|0\rangle\langle 0|\exp[O^{\mu\nu}(P)\tilde{z}_\mu a_\nu]\\ z^\mu &= (z^0,\vec{z}),\qquad \tilde{z}^\mu=(-z_0^*,\vec{z}^*)\\ O_{\mu\nu}(P) &= g_{\mu\nu}-P_\mu P_\nu/P^2\\ d\mu(z) &= \prod_{\mu=0}^{3}\frac{dz_\mu dz_\mu^*}{\pi}\exp[-|z_0|^2-|\vec{z}|^2]\end{aligned} \tag{5.14}$$

実際にこの $\Lambda(P)$ を用いて次の性質を示すことができる．

$$\Lambda(P)^2=\Lambda(P),\qquad P_\mu a^\mu\Lambda(P)=0 \tag{5.15}$$

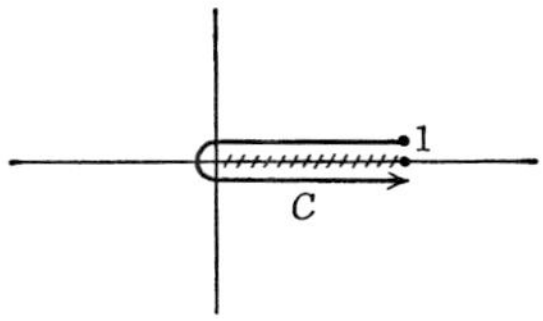

図 4.6

伝播関数 $G(P)$ は(1.1)より

$$W(P)=P^2-\kappa_0{}^2-\kappa_1 a_\mu^\dagger a^\mu \tag{5.16}$$

の逆演算子として定義すると

$$G(P)=W(P)^{-1}=\frac{-1}{2\kappa_1\sin\pi\alpha(P)}\int_C dz(-z)^{-\alpha(P)-1}z^{-a^\dagger a}$$
$$\alpha(P)=(P^2-\kappa_0{}^2)/\kappa_1 \tag{5.17}$$

となる．ここで積分路は図4.6で示されるような $1+i\varepsilon\to 0\to 1-i\varepsilon$ をとるものとする．本当は W^{-1} ではなくて

$$G(P)=W^{-1}(P)\Lambda(P) \tag{5.18}$$

を用いるのであるが，射影演算子は vertex の部分にすべて含ませることにすれば(5.15)の性質から(5.17)を(5.18)の代りに用いてもよいことがわかる．そこで，(5.13)の $|V\rangle$ の代りに

$$|V_\Lambda\rangle=\Lambda(P(a))\Lambda(P(b))\Lambda(P(c))|V\rangle \tag{5.19}$$

を用いることにする．$|V_\Lambda\rangle$ は $|V\rangle$ の中の $a_\mu^\dagger, b_\mu^\dagger, c_\mu^\dagger$ を

$$a_\mu^\dagger \to O_{\mu\nu}(P(a))a^{\dagger\nu}$$
$$b_\mu^\dagger \to O_{\mu\nu}(P(b))b^{\dagger\nu}$$
$$c_\mu^\dagger \to O_{\mu\nu}(P(c))c^{\dagger\nu} \tag{5.20}$$

とおきかえることにより得られる．

3) 散乱振幅

いま簡単のために，外線 a, b, a', b' は基底状態にあるとする．そうすれば図4.7の散乱振幅 A は $|V_\Lambda\rangle$ の中で $a^\dagger$ および $b^\dagger$ をゼロとおいたものを $|V_{\Lambda,00}\rangle$ と書いておくと次のように与えられる．

$$A=g_0{}^2\langle V'_{\Lambda,00}|G(P)|V_{\Lambda,00}\rangle \tag{5.21}$$

これはやや長い計算の結果次のようになる．

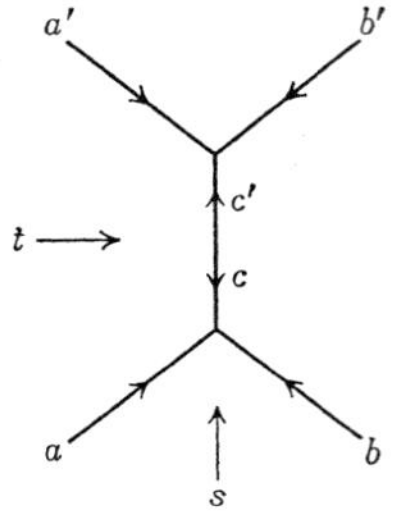

図 4.7

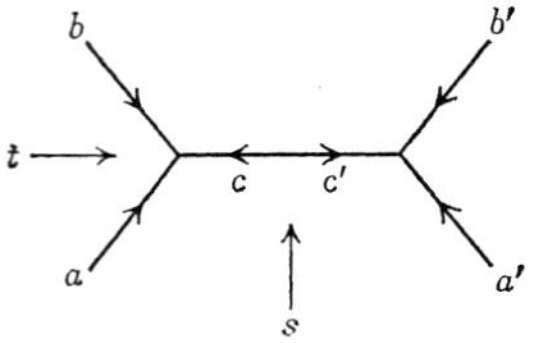

図 4.8

$$A=\frac{g_0{}^2}{\kappa_1}\exp\left[\frac{1}{24\kappa_1}(P(c)^2+2\kappa_0{}^2)\right]\frac{1}{2i\sin\pi\alpha(P_c)}\int_C dz(-z)^{-\alpha(P_c)-1}M(z) \tag{5.22}$$

$$M(z)=\frac{1}{\left[1-\left(\frac{z}{3}\right)^2\right]^{3/2}}\times$$

$$\times\exp\left[-\frac{1}{1-(z/2)^2}\cdot\frac{z}{3}\frac{1}{6\kappa_1}\times(P_\mu(a)-P_\mu(b))O_{\mu\nu}(P(c))\,(P_\nu(a')-P_\nu(b'))\right]\times$$

$$\times\exp\left[\frac{1}{1-(z/2)^2}\left(\frac{z}{3}\right)^2\frac{1}{6\kappa_1}\times\frac{1}{2}\{(P_\mu(a)-P_\mu(b))O_{\mu\nu}(P(c))\,(P_\nu(a)-P_\nu(b))+\right.$$

$$\left.+(P_\mu(a')-P_\mu(b'))O_{\mu\nu}(P(c'))\,(P_\nu(a')-P_\nu(b'))\}\right]$$

$$P_\mu(c)=-P_\mu(a)-P_\mu(b)=-P_\mu(c') \tag{5.23}$$

図 4.8 に対応する散乱振幅はやはり同じ形で得られるがマンデルシュタム変数との関係が異なっている．すなわち，

(A)　図 4.7 の場合

$$(P_\mu(a)-(P_\mu(b))O_{\mu\nu}(P(c))\,(P_\nu(a)-P_\nu(b))$$

$$=(P_\mu(a')-P_\mu(b'))O_{\mu\nu}(P(c))\,(P_\nu(a')-P_\nu(b'))=\frac{1}{36}(s-4\kappa_0{}^2)$$

$$P(c)^2=s$$

$$(P_\mu(a)-P_\mu(b))O_{\mu\nu}(P(c))\,(P_\nu(a')-(P_\nu(b'))=\frac{1}{36}(t-u) \tag{5.24}$$

(B)　図 4.8 の場合

(5.24) で $s\to t$，$t\to s$ とする．　(5.25)

こうして，ボルン近似の散乱振幅 A は

$$
\begin{aligned}
A &= A^{(s)}+A^{(t)} \\
&\quad A^{(s)} = A_+^{(s)}(s,t)+A_-^{(s)}(s,t) \\
&\quad A^{(t)} = A_+^{(t)}(t,s)+A_-^{(t)}(t,s)
\end{aligned}
\tag{5.26}
$$

$$
A_+^{(s)}(s,t) = \frac{g_0{}^2}{2\kappa_1}\exp\left[\frac{1}{24\kappa_1}(s+2\kappa_0{}^2)\right]\frac{1}{\sin \pi\alpha(s)}\int_C dz(-z)^{-\alpha(s)-1}M_+^{(s)}(z)
\tag{5.27}
$$

$$
M_+^{(s)}(z) = \frac{1}{\left[1-\left(\frac{z}{3}\right)^2\right]^{3/2}}\exp\left[\frac{1}{6\left[1-\left(\frac{z}{3}\right)^2\right]}\left\{-\frac{z}{3}\frac{t-u}{\kappa_1}+\left(\frac{z}{3}\right)^2(s-4\kappa_0{}^2)\right\}\right]
\tag{5.28}
$$

とあたえられる．ここで $A_-^{(s)}(s,t)$ は $A_+^{(s)}(s,t)$ で $t\to u$, $u\to t$ として得られる．$A_+^{(t)}(t,s)$ は $A_+^{(s)}(s,t)$ で $t\to s$, $s\to t$ としてあたえられ，$A_-^{(t)}(t,s)$ は $A_-^{(s)}(s,t)$ で $t\to s$, $s\to t$ として得られる関数である．

散乱振幅 A は全体として $s\to\infty$ で指数関数的に増大する．これは $A_-^{(t)}$ が t を固定して $s\to\infty$ とした場合に指数関数的に増大するために生ずるものである．$A^{(s)}$ は $s\to\infty$ で指数関数的に減少し，$A_+^{(t)}$ はレッジェ的な振舞いをしてくれる．すなわち

$$
A_+^{(t)} \to e^{(1/12)\alpha(t)}\Gamma(-\alpha(t))\left(\frac{s}{9\kappa_1}\right)^{\alpha(t)} \qquad (s\to\infty)
\tag{5.29}
$$

となる．したがって部分的には好ましい漸近形をもつにもかかわらず，全体としては指数関数的な増大をするというきわめて不満足な結果である．

このような議論がユニタリー表現を用いて遂行できると様子はかなり変ってくることが期待されるが，残念ながら，現在のところでは bi-local 場を用いてそれは可能ではない．$SL(2,C)$ のユニタリー表現を用いる場合の一般的処方として Koller [26] はファインマン図を計算する枠組を設定したが，具体的な散乱振幅の分析は行われていない．これは一般には無限次元表現のクレブシュ・ゴルダン係数が取り扱いにくいことにも関係がある．実際に，マヨラナ表現の波動関数を用いてボルン項をしらべてみると，$s\to\infty$ の様子は外場との散乱の場合と本質的には変らない．すなわち s の固定された巾(べき)で減少する結果になっている．これが今までに唯一つ具体的に計算されたものである．

§4.6　局所場と Bi-local 場の特殊な相互作用

ハドロンと電磁場の相互作用において，ベクトル中間子が直接電磁場に変化すると仮定する，いわゆる vector meson dominance model (VMDM) がしばしば用いられる．これを bi-local 場の立場で考えれば図 4.9 のような相互作用を考えることである．図で実線は bi-local 場の二つの構成子をあらわし，波線は局所場(電磁場)である．電磁相互作用はゲージ不変性の問題があり，未解決の部分が多いので，ここではこれらの特殊性を除いて，図 4.9 の相互作用を前節の方法を用いて考えてみよう．簡単のために局所場はスカラー場として考えよう．

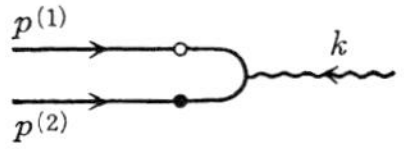

図 4.9

bi-local 場の構成子の運動量を $p_\mu^{(1)} p_\mu^{(2)}$ とし，局所場のそれを k_μ とする．またそれに対応する共役座標をそれぞれ $x_\mu^{(1)}, x_\mu^{(2)}$ および y_μ とする．相互作用をきめる汎関数 $|W\rangle$ はこのとき次の条件をみたすとするのがもっとも単純な仮定である．

$$(p_\mu^{(1)}+p_\mu^{(2)}+k_\mu)|W\rangle=0 \tag{6.1}$$

$$(x_\mu^{(1)}-x_\mu^{(2)})|W\rangle=0 \tag{6.2a}$$

$$\left[\frac{1}{2}(x_\mu^{(1)}+x_\mu^{(2)})-y_\mu\right]|W\rangle=0 \tag{6.2b}$$

ここで(6.1)は運動量保存則をあらわし一般的に要請すべき条件であるが，(6.2)は具体的な描像によって変更することができる．今は三つの粒子が単に重なり合って消滅するという描像をとった．

(1.1)より(6.1), (6.2)は

$$(P_\mu+k_\mu)|W\rangle=0$$
$$x_\mu|W\rangle=0,\qquad (X_\mu-y_\mu)|W\rangle=0 \tag{6.3}$$

となり，この条件をみたす $|W\rangle$ は

$$|W\rangle=f_0\delta^4(P_\mu+k_\mu)\delta^4(x_\mu-y_\mu)\exp\left[-\frac{1}{2}c_\mu^* c^{\mu*}\right]|0\rangle \tag{6.4}$$

となる．ここで f_0 は定数で c_μ, c_μ^* は励起子の演算子である．なお，P_μ が空間的な場合も取り扱うために，不定計量を用いて(5.1)の補助条件を用いることにする．

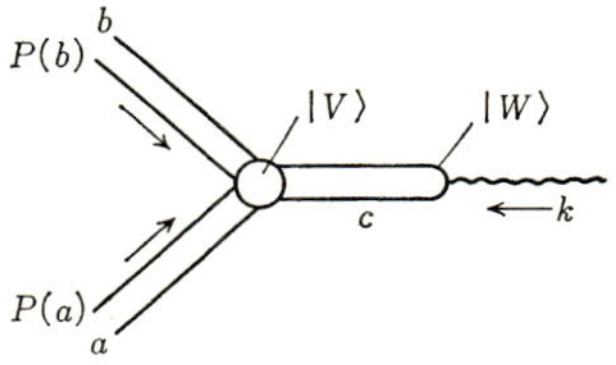

図 4.10

この汎関数の応用として図 4.10 のような過程を考えよう．これは VMDM の仮定を用いた形状因子の計算にあらわれるものである．a と b の bi-local 場はそれぞれ運動量 $P_\mu(a), P_\mu(b)$ をもち，基底状態にあるとしよう．局所場の運動量 k_μ はしたがって，空間的になる．いま

$$k_\mu = (0, 0, 0, k)$$

$$P_\mu(a) = \left(E, 0, 0, -\frac{k}{2}\right), \qquad P_\mu(b) = \left(-E, 0, 0, -\frac{k}{2}\right)$$

$$E^2 - \frac{k^2}{4} = \kappa_0{}^2 \tag{6.5}$$

ととることにしよう．マンデルシュタム変数で書くと

$$-k^2 = t, \qquad E^2 = \kappa_0{}^2 - \frac{t}{4} \tag{6.6}$$

である．こうすると図 4.10 に対応する行列要素は

$$F(t) = \langle V_{\Lambda,00} | G(k) | W \rangle \tag{6.7}$$

であたえられる．ここで $|V_{\Lambda,00}\rangle$ は補助条件を考慮した vertex 汎関数で a と b を基底状態にとったものであり，(5.21)にあらわれたものである．$|W\rangle$ の方も射影演算子をつけるべきであるが(6.4)をそのまま用いても同じである．$G(k)$ は(5.17)であたえられた伝播関数である．

$$P(a)^2 + P(b)^2 + P(c)^2 - P(a)P(b) - P(b)P(c) - P(c)P(a) = \frac{3}{2}(2\kappa_0{}^2 + t)$$

$$P_\mu(a) - P_\mu(b) = (2E, 0, 0, 0)$$

の関係を用いて(6.7)を書きなおすと

$$F(t) = g_0 f_0 \exp\left[\frac{1}{24\kappa_1}(t+2\kappa_0{}^2)\right]\frac{-1}{2\kappa_1 \sin \pi\alpha(t)}\int_C dz(-z)^{-\alpha(t)-1}\times$$

$$\times\langle 0|\exp\left[i\sqrt{\frac{2}{\kappa_1}}\frac{E}{3}c_0\right]\exp\left[-\frac{1}{6}(c_0{}^2-c_1{}^2-c_2{}^2)\right]z^{-c^\dagger c}\times$$

$$\times\exp\left[-\frac{1}{2}[(c_0^\dagger)^2-(c_1^\dagger)^2-(c_2^\dagger)^2]\right]|0\rangle$$

$$\alpha(t) = (t-\kappa_0{}^2)/\kappa_1 \tag{6.8}$$

と与えられる．したがって，

$$F(t) = F_0 \exp\left[\frac{1}{24\kappa_1}(t+2\kappa_0{}^2)\right]\frac{1}{\sin \pi\alpha(t)}\int_C dz(-z)^{-\alpha(t)-1}\times$$

$$\times\frac{1}{\left[1-\frac{1}{3}z^2\right]^{3/2}}\exp\left[\frac{4\kappa_0{}^2-t}{16\kappa_1}\cdot\frac{1}{1-\frac{1}{3}z^2}\left(\frac{z}{3}\right)^2\right] \tag{6.9}$$

となる．今 $t<0$ であるので，$t\to-\infty$ では $|z|\sim 1$ として積分路がとれることを考えると，(6.9)は指数関数的に急減少する関数であることが容易にわかる．これは今のようなVMDMの仮定を用いずに単純に外場との相互作用を用いてやる計算でも同じことである．このことはすでに述べたように高エネルギーにおいてローレンツ短縮の効果が入らないことによるものと思われる．ユニタリー表現を用いるbi-local場の理論がVMDMの仮定と併用できるような定式化が望まれるのは，指数関数的な急減少がさけられる可能性があるからであり，その結果は現実の形状因子を再現してくれることが期待されるからである．

第5章　紐の模型(string model)*)

レッジェ理論は高エネルギーにおける散乱振幅の振舞いを与えて現象論的に成功した仮説であった．他方，低エネルギーにおいて一連の共鳴状態が存在し，この領域においてはブライト・ウィグナー(Breit-Wigner)型の散乱振幅を用いるのが便利である．しかし，全体としての散乱振幅はこの二つの振幅の和になっていると簡単に結論づけることはできない(このような干渉模型 interference model は部分的な成功を収めたこともあるが)．もしなんらかの模型から出発して，系統的な規則に従っていくつかの項がでてきてそのうちの一つは漸近的にレッジェ振幅を与え，他の項はそのとき充分はやく減衰してしまい，かつ，低エネルギーでは共鳴項のみ生き残るということになっていれば，現象論的にも理論的にも好都合な模型であるということができる．

S 行列の一般的性質である分散式の関係を用いて散乱振幅の分析を行い，いわゆる有限エネルギー和則(Finite Energy Sum Rule——FESR)の成り立つことが示された．これは散乱振幅が

$$A(s,t)=A_{\text{Regge}}+A_{\text{resonance}}-\langle A_{\text{resonance}}\rangle_{\text{平均}}$$

の形に書けるということである．この振幅は高エネルギーでレッジェ的になり，低エネルギーの共鳴型もあわせもつという意味で双対的(dual)である**)．このような双対性 duality をもつ簡単な表現はヴェネチアノ(G. Veneziano)によってはじめに $\pi+\pi\rightarrow\pi+\omega$ の散乱振幅について与えられた．それはオイラーのベータ関数

$$B(x,y)=\Gamma(x)\Gamma(y)/\Gamma(x+y)$$

を用いて

$$A(s,t,u)\propto B(1-\alpha(s),1-\alpha(t))+B(1-\alpha(t),1-\alpha(u))+B(1-\alpha(u),1-\alpha(s))$$

とあらわされる．

---

*)　この章は1973年暮に原子核研究所で行った講義ノート(INS-PT-27)をもとに書かれている．

**)　双対共鳴模型については文献[29]-a), b), c)を参照．

その後，双対共鳴理論の取扱いに可算無限個の調和振動子の昇降演算子を導入する演算子法が発展すると同時に，南部やサスカイント (L. Susskind) によりこの演算子が一次元的拡がりをもつ弦の自由度に対応づけられることが指摘された．そして，多くの人々により，一次元的拡がりをもつ紐の模型の相対論的量子力学の定式化がおこなわれ，その相互作用が検討された．この双対性と紐の理論については種々の立場から多くのすぐれた綜合報告が出されていて，それぞれ特色のあるものである．ここでは，前章までに述べてきた拡がりをもつ模型の立場から紐の模型を眺めてみたい．

なお，紐の模型と双対性の関係が確立されてからは，拡がりをもつ素粒子像の議論が多くの人々にも関心をよぶようになった．そして，複合模型とは違った意味で素粒子の構造を論ずる立場も受け入れられるようになってきた．他方，紐の模型の場の理論的根源を非可換ゲージ場に求め，対称性の自発的破れ (spontaneous symmetry breaking) を応用する議論は近年非常にさかんであり，袋の理論 (bag theory) のある種のものはこのような立場のものである．しかし，紐の理論のこのような形での基礎づけは局所場の理論への回帰であり，これまでに述べてきた立場とは異なるものである．以下では，あくまでも，本来拡がりをもつ対象の相対論的量子力学を考えるという立場で紐の理論を定式化し，また，その一般化の可能性をさぐってみたい．したがって，紐の理論ないしは双対共鳴理論の詳細は多くのすぐれた論文や綜合報告[29]にゆずり，ここでは，かなり偏見にとらわれた立場から紐の理論を眺めてみることにしよう．

§5.1　紐の古典力学

質点の運動は四次元時空内の世界線(world line)であらわされる．この世界線は時間的(曲線の接線が時間的)である．今質点が一列に連続的に並んでいるものとして一次元的拡がりをもつ連続体として紐を考えることにしよう．拡がりはいうまでもなく空間的なものである．このようなものの運動は四次元時空内の世界面 (world sheet) であらわされることは容易に想像できる．世界線上の1点の座標 x_μ は

$$x_\mu = x_\mu(\tau)$$

と一つのパラメター τ を用いてあらわすことができるように二次元的な世界面

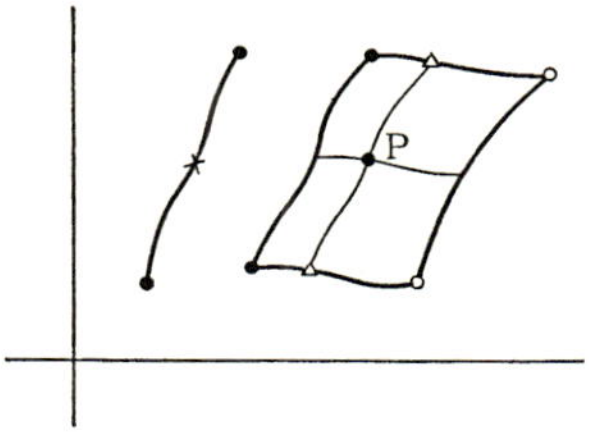

図 5.1

上の1点Pの座標 x_μ は二つのパラメター $(\tau, \sigma)=(\xi^0, \xi^1)$ を用いて

$$x_\mu = x_\mu(\xi^0, \xi^1) \tag{1.1}$$

のようにあらわされる．この ξ^α は面上の曲線座標と考えてよく，その選び方には任意性がある．しかし，この面は，世界線が時間的曲線であるように，ξ^1 を固定したときの面上の曲線は時間的でなければならない．他方，一次元的拡がりが空間的であるので，ξ^0 を固定したときに得られる面上の曲線は空間的である．すなわち

$$g_{00}=\frac{\partial x_\mu}{\partial \xi^0}\frac{\partial x^\mu}{\partial \xi^0}=\frac{\partial x_\mu}{\partial \tau}\frac{\partial x^\mu}{\partial \tau}>0, \qquad g_{11}=\frac{\partial x_\mu}{\partial \xi^1}\frac{\partial x^\mu}{\partial \xi^1}=\frac{\partial x_\mu}{\partial \sigma}\frac{\partial x^\mu}{\partial \sigma}<0 \tag{1.2}$$

である．また，パラメター $\sigma=\xi^1$ の変域は $[\sigma_0, \sigma_1]$ で紐に両端があるとする．場合によっては $x(\tau, \sigma_0)=x(\tau, \sigma_1)$ として閉じた紐を考えることもある．$\tau=\xi^0$ の変域は任意で定った端があるとは考えない．すなわち，τ は紐の運動の順序づけのパラメターととる．

世界面上の点Pの四元速度 $v^\mu(\tau, \sigma)$ は

$$v^\mu=\frac{1}{\sqrt{g_{00}}}\frac{\partial x^\mu}{\partial \tau}, \qquad v^\mu v_\mu = 1 \tag{1.3}$$

と与えられる．これは質点の世界線の類推から明らかである．v^μ に垂直な無限小の空間的ベクトルで世界面に接するものは

$$d_\perp x^\mu(\tau, \sigma)=\left[\frac{\partial x^\mu}{\partial \sigma}-v^\mu\left(v_\nu\frac{\partial x^\nu}{\partial \sigma}\right)\right]d\sigma \tag{1.4}$$

で与えられる．したがって，空間的な不変線素を

$$dl(\tau, \sigma) = \sqrt{-d_\perp x^\mu d_\perp x_\mu} \tag{1.5}$$

と定義すると

$$dl(\tau,\sigma)=\left[-\left(\frac{\partial x^\mu}{\partial\sigma}\frac{\partial x_\mu}{\partial\sigma}\right)+\left(v_\mu\frac{\partial x^\mu}{\partial\sigma}\right)^2\right]^{1/2}d\sigma \tag{1.6}$$

となり

$$g_{\alpha\beta}=\frac{\partial x^\mu}{\partial\xi^\alpha}\frac{\partial x_\mu}{\partial\xi^\beta}\qquad(\alpha,\beta=1,2) \tag{1.7}$$

で世界面上の計量テンソルを定義すれば

$$dl(\tau,\sigma)=\sqrt{\frac{-\det g}{g_{00}}}d\sigma \tag{1.8}$$

となる．ここで

$$\det g=\begin{vmatrix}g_{00} & g_{01}\\ g_{01} & g_{11}\end{vmatrix}=g_{00}g_{11}-g_{01}{}^2 \tag{1.9}$$

である．また点Pにおける無限小固有時 $ds(\tau,\sigma)$ は

$$ds(\tau,\sigma)=\sqrt{g_{00}}\,d\tau=\sqrt{\frac{\partial x_\mu}{\partial\tau}\frac{\partial x^\mu}{\partial\tau}}d\tau \tag{1.10}$$

と定義するのが自然である．

今，点Pの近くでのエネルギー dT は空間的不変線素 $dl(\tau,\sigma)$ に比例するとすれば

$$dT(\tau,\sigma)=\kappa_0 dl(\tau,\sigma)$$

となる．したがって，点P $(x=x(\tau,\sigma))$ の近くでの無限小作用積分 $\varDelta I$ は

$$\begin{aligned}\varDelta I&=\kappa_0 dl(\tau,\sigma)ds(\tau,\sigma)\\&=\kappa_0\sqrt{-\det g}\,d\tau d\sigma\end{aligned} \tag{1.11}$$

となるから，これを加え合せて作用積分 I は

$$I=\int_{\tau_0}^{\tau_1}\int_{\sigma_0}^{\sigma_1}d\tau d\sigma\ \kappa_0\sqrt{-\det g} \tag{1.12}$$

の如く得られる．これは

$$\left.\begin{aligned}\tau\to\tau'&=\tau'(\tau,\sigma)\\ \sigma\to\sigma'&=\sigma'(\tau,\sigma)\end{aligned}\right\}\quad\text{または}\quad \xi^\alpha\to\xi^{\alpha'}=\xi^{\alpha'}(\xi,\xi')\qquad(\alpha=0,1) \tag{1.13}$$

の変換に対して不変である．これは ξ^α が世界面上の点を区別するためにつけられたパラメターにすぎなく，特別な幾何学的・物理的意味がないことから当然なことである．

また $\sqrt{-\det g}\, d\tau d\sigma$ は簡単な幾何学的意味がある．いま

$$dS^{\mu\nu} = d\sigma d\tau\left(\frac{\partial x^\mu}{\partial \sigma}\frac{\partial x^\nu}{\partial \tau} - \frac{\partial x^\mu}{\partial \tau}\frac{\partial x^\nu}{\partial \sigma}\right) \equiv dx^\mu \Lambda dx^\nu \qquad (1.13')$$

とすると，世界面上の面積要素は

$$dS = \sqrt{-dS^{\mu\nu}dS_{\mu\nu}} = d\sigma d\tau \sqrt{-\det g} \qquad (1.14)$$

となる．したがって $\delta I=0$ の変分問題は時間的世界面の最小面積を求めるという幾何学的解釈をあたえることができよう．これは，質点の場合に，世界線の長さについての変分問題という形になったものの形式的拡張ともみなしうることである*).

(1.12)より変分原理を用いるとオイラー・ラグランジュの方程式と境界条件を導くことができる．今

$$\begin{aligned} &x_\mu(\xi) \to x_\mu'(\xi) = x_\mu(\xi) + \delta x_\mu(\xi) \\ &\delta x_\mu(\tau_0, \sigma) = \delta x_\mu(\tau_1, \sigma) = 0 \end{aligned} \qquad (1.15)$$

の変分をとることにする．この結果作用積分の変分は

$$\begin{aligned} \delta I &= \int_{\tau_0}^{\tau_1} d\tau \int_{\sigma_0}^{\sigma_1} d\sigma\, \kappa_0 \frac{\partial \sqrt{-\det g}}{\partial\left(\dfrac{\partial x^\mu}{\partial \xi^\alpha}\right)} \delta\left(\frac{\partial x^\mu}{\partial \xi^\alpha}\right) \\ &= \int_{\tau_0}^{\tau_1} d\tau \int_{\sigma_0}^{\sigma_1} d\sigma \left[-\frac{\partial}{\partial \xi^\alpha}\left(\frac{\partial \kappa_0 \sqrt{-\det g}}{\partial\left(\dfrac{\partial x^\mu}{\partial \xi^\alpha}\right)} \right)\right] \delta x^\mu(\xi) \\ &\quad + \int_{\tau_0}^{\tau_1} d\tau \left[\delta x^\mu(\tau,\sigma) \frac{\partial \kappa_0 \sqrt{-\det g}}{\partial\left(\dfrac{\partial x^\mu}{\partial \sigma}\right)} \right]\Bigg|_{\sigma_0}^{\sigma_1} \end{aligned} \qquad (1.16)$$

となる．もし紐が閉じていれば

$$x_\mu(\tau, \sigma) = x_\mu(\tau, \sigma + L), \qquad L = \sigma_1 - \sigma_0 \qquad (1.17)$$

であるから，(1.16)の最後の項は自動的にゼロになる．両端のある場合には

$$\frac{\partial \kappa_0 \sqrt{-\det g}}{\partial\left(\dfrac{\partial x^\mu}{\partial \sigma}\right)} = 0 \qquad (\sigma = \sigma_0 \text{ および } \sigma_1 \text{ に対して}) \qquad (1.18)$$

という境界条件が得られ，オイラー方程式は，

---

*) (1.12)で規定される string を geometrical model ということもある．

$$-\frac{\partial}{\partial\xi^\alpha}\left[\frac{\partial\kappa_0\sqrt{-\det g}}{\partial\left(\frac{\partial x^\mu}{\partial\xi^\alpha}\right)}\right]=0 \tag{1.19}$$

となる．今，便宜上

$$h^\mu_\alpha=\frac{\partial x^\mu}{\partial\xi^\alpha} \tag{1.20}$$

とすると，これは四次元ベクトルであり，かつ ξ^α の一般変換に対する共変ベクトルである．これより計量テンソル $g_{\alpha\beta}$ は

$$g_{\alpha\beta}=h^\mu_\alpha h_{\mu,\beta} \tag{1.21}$$

で共変テンソルとなり，この反変テンソル $g^{\alpha\beta}$ は

$$g_{\alpha\gamma}g^{\gamma\beta}=\delta^\beta_\alpha \tag{1.22}$$

で定義される．$g^{\alpha\beta}$ は実際次のように定まる．

$$g^{\alpha\beta}=\begin{bmatrix}\frac{g_{11}}{\det g} & -\frac{g_{01}}{\det g}\\ -\frac{g_{01}}{\det g} & \frac{g_{00}}{\det g}\end{bmatrix} \tag{1.23}$$

(1.20)の h^μ_α の反変成分は

$$h^{\alpha,\mu}=g^{\alpha\beta}h^\mu_\beta \tag{1.24}$$

となるから次の関係が成り立つことは明らかである．

$$g^{\alpha\beta}=h^{\alpha,\mu}h^\beta_\mu$$
$$h^\alpha_\mu h^\mu_\beta=\delta^\alpha_\beta \tag{1.25}$$

これを用いると

$$\frac{\partial\kappa_0\sqrt{-\det g}}{\partial\left(\frac{\partial x^\mu}{\partial\xi^0}\right)}=\frac{\kappa_0}{\sqrt{-\det g}}[-g_{11}h_{0,\mu}+g_{01}h_{1,\mu}]=\kappa_0\sqrt{-\det g}\,h^0_\mu$$
$$\frac{\partial\kappa_0\sqrt{-\det g}}{\partial\left(\frac{\partial x^\mu}{\partial\xi^1}\right)}=\frac{\kappa_0}{\sqrt{-\det g}}[-g_{00}h_{1\mu}+g_{01}h_{0\mu}]=\kappa_0\sqrt{-\det g}\,h^1_\mu \tag{1.26}$$

となるのでオイラー方程式(1.19)は

$$-\kappa_0\frac{\partial}{\partial\xi^\alpha}[\sqrt{-\det g}\,h^\alpha_\mu]=0 \tag{1.27}$$

となり，共変形式

$$-\kappa_0\nabla_\alpha h^\alpha_\mu=-\kappa_0\frac{1}{\sqrt{-\det g}}\frac{\partial}{\partial\xi^\alpha}[\sqrt{-\det g}\,h^\alpha_\mu]=0 \tag{1.28}$$

と等価である．ここで共変微分 ∇_α はベクトル場 A^α に対し

$$\nabla_\alpha A^\beta=\frac{\partial A^\beta}{\partial\xi^\alpha}+\left\{\begin{matrix}\beta\\ \alpha,\gamma\end{matrix}\right\}A^\gamma \tag{1.29}$$

でありクリストッフェル記号は

$$\left\{\begin{matrix}\beta\\ \alpha,\gamma\end{matrix}\right\}=\frac{1}{2}g^{\beta\delta}\left[\frac{\partial}{\partial\xi^\alpha}g_{\delta\gamma}+\frac{\partial}{\partial\xi^\gamma}g_{\alpha\delta}-\frac{\partial}{\partial\xi^\delta}g_{\alpha\gamma}\right] \tag{1.30}$$

である．(1.27)はまた

$$g^{\alpha\beta}\frac{\partial^2 x_\mu}{\partial\xi^\alpha\partial\xi^\beta}+\frac{1}{\sqrt{-\det g}}\frac{\partial(\sqrt{-\det g}\,g^{\alpha\beta})}{\partial\xi^\alpha}\frac{\partial x_\mu}{\partial\xi^\beta}=0 \tag{1.31}$$

のように x_μ の2階の微分方程式で書ける．

また，境界条件(1.18)は

$$h^1_\mu(\sigma_0)=h^1_\mu(\sigma_1)=0 \tag{1.18$'$}$$

と書ける．このようにして，運動法則はローレンツ変換に対して共変で，二次元世界面上の一般座標変換に対して共変な形で書ける．二次元の曲面上のテンソル算を用いるとさらにいろいろと興味ある結果を導くことができるが，これについては文献を参照してもらうことにする．ここでは，作用積分のもつポアンカレ不変性から得られる保存量を導いておく．

まず並進変換

$$x_\mu\ \to\ x_\mu+\delta x_\mu=x_\mu+\varepsilon_\mu\qquad(\varepsilon_\mu\text{ は }\tau,\sigma\text{ によらないとする}) \tag{1.32}$$

に対し(1.12)の I は不変である．したがって

$$0=\delta I=\iint d^2\xi\left[-\frac{\partial}{\partial\xi^\alpha}\frac{\partial\kappa_0\sqrt{-\det g}}{\partial\left(\dfrac{\partial x^\mu}{\partial\xi^\alpha}\right)}\right]\delta x^\mu+\int_{\sigma_0}^{\sigma_1}d\sigma\left[\delta x^\mu\frac{\partial\kappa_0\sqrt{-\det g}}{\partial\left(\dfrac{\partial x^\mu}{\partial\tau}\right)}\right]\Bigg|_{\tau_0}^{\tau_1}+$$
$$+\int_{\tau_0}^{\tau_1}d\tau\left[\delta x^\mu\frac{\partial\kappa_0\sqrt{-\det g}}{\partial\left(\dfrac{\partial x^\mu}{\partial\sigma}\right)}\right]\Bigg|_{\sigma_0}^{\sigma_1} \tag{1.33}$$

オイラー方程式と境界条件からこの第1項と第3項がゼロとなり

$$P_\mu = \int_{\sigma_0}^{\sigma_1} d\sigma\, \kappa_0 \sqrt{-\det g}\, h^0_\mu$$
$$= \int_{\sigma_0}^{\sigma_1} d\sigma\, p_\mu(\sigma) \tag{1.34}$$

とすると

$$P_\mu(\tau_1) - P_\mu(\tau_0) = 0 \tag{1.35}$$

をうる．これはエネルギー運動量保存を与えている．また $p_\mu(\sigma)$ は $x_\mu(\sigma)$ の正準共役運動量でもあることは定義からわかる．

次に斉次ローレンツ変換

$$x_\mu \to x_\mu + \delta x_\mu = x_\mu + \varepsilon_{\mu\nu} x^\nu, \qquad \varepsilon_{\mu\nu} = -\varepsilon_{\nu\mu} \tag{1.36}$$

を考えると，同様にして

$$M_{\mu\nu}(\tau_1) - M_{\mu\nu}(\tau_0) = 0 \tag{1.37}$$

$$M_{\mu\nu} = \int_{\sigma_0}^{\sigma_1} d\sigma\, [x_\mu p_\nu - x_\nu p_\mu] \tag{1.38}$$

をうる．(1.35),(1.37)はオイラーの方程式を用いて直接示すことも容易である．

次に ξ^α の一般変換に対する不変性を考えてみる．今

$$\xi^\alpha \to \xi^{\alpha\prime} = \xi^\alpha + \varepsilon f^\alpha(\xi), \qquad |\varepsilon| \ll 1$$
$$f^\alpha(\xi)\ \text{は任意の微分可能な関数} \tag{1.39}$$

の変換を考える．このとき

$$x^\mu(\xi) \to x^\mu(\xi') = x^\mu(\xi) + \varepsilon f^\alpha \frac{\partial x^\mu}{\partial \xi^\alpha}$$
$$\frac{\partial x^\mu}{\partial \xi^\alpha} \to \frac{\partial x^\mu(\xi')}{\partial \xi^{\alpha\prime}} = \frac{\partial x^\mu}{\partial \xi^\alpha} - \varepsilon \frac{\partial f^\beta}{\partial \xi^\alpha} \frac{\partial x^\mu}{\partial \xi^\beta} = \left(\delta_\alpha{}^\beta - \varepsilon \frac{\partial f^\beta}{\partial \xi^\alpha}\right) \frac{\partial x^\mu}{\partial \xi_\beta}$$

であるから，作用積分は次のようになる．

$$I^* = \iint d^2\xi' \mathcal{L}_0(\xi') \qquad (\mathcal{L}_0 = \kappa_0 \sqrt{-\det g} = \mathcal{L}_0(h^\mu_\alpha))$$
$$= \iint d^2\xi \left(1 + \varepsilon \frac{\partial f^\alpha}{\partial \xi^\alpha}\right) \mathcal{L}_0\left(h^\mu_\alpha - \varepsilon \frac{\partial f^\beta}{\partial \xi^\alpha} h^\mu_\beta\right) \tag{1.40}$$

したがって

$$\begin{aligned}\delta I &= I^* - I \\ &= \iint d^2\xi \left\{ \varepsilon \frac{\partial f^\alpha}{\partial \xi^\alpha} \mathcal{L}_0 - \varepsilon \frac{\partial \mathcal{L}_0}{\partial h^\mu_\alpha} \frac{\partial f^\beta}{\partial \xi^\alpha} h^\mu_\beta \right\} \\ &= \varepsilon \iint d^2\xi \frac{\partial f^\beta}{\partial \xi^\alpha} \left\{ \partial^\alpha_\beta \mathcal{L}_0 - \frac{\partial \mathcal{L}_0}{\partial h^\mu_\alpha} h^\mu_\beta \right\} = 0 \end{aligned} \tag{1.41}$$

となる．$f^\alpha(\xi)$ は任意の関数であるから，

$$\partial^\alpha_\beta \mathcal{L}_0 - \frac{\partial \mathcal{L}_0}{\partial h^\mu_\alpha} h^\mu_\beta = 0 \tag{1.42}$$

が成り立つ．実際，$\mathcal{L}_0 = \kappa_0 \sqrt{-\det g}$ を用いると，この関係が恒等的に成り立つことが確かめられる．この関係は正準形式において重要な役割をはたす.

オイラーの方程式の解を求めて古典的運動を調べることもできて，興味ある結果が得られている．しかし，ここではその余裕がないので文献をあげるにとどめよう [30].

量子論にうつるためにラグランジュ形式を正準形式に書きなおしておこう．$x^\mu(\sigma)$ に対する共役運動量 p_μ は

$$p_\mu(\sigma) = \frac{\partial \mathcal{L}_0}{\partial \left(\dfrac{\partial x^\mu}{\partial \tau} \right)} = \kappa_0 \sqrt{-\det g}\, h^0_\mu \tag{1.43}$$

となる．これを用いると (1.42) の恒等式で，$\alpha = \beta = 0$ とおいて

$$p_\mu \frac{\partial x^\mu}{\partial \tau} - \mathcal{L}_0 = 0 \tag{1.44}$$

をうる．これはハミルトン関数がゼロになることを意味し，普通の正準形式では取り扱えないことを示している．このような特異な場合にはディラックにより展開された形式を用いるのが便利である [12]．そこで (1.42) から得られる正準変数の間の関係として，$\alpha=0$，$\beta=1$ とおいて次の関係をうる.

$$T(\sigma) = p_\mu \frac{\partial x^\mu}{\partial \sigma} = 0 \tag{1.45}$$

さらに，(1.43) を直接に用いると

$$H(\sigma) = p_\mu p^\mu + \kappa_0{}^2 \frac{\partial x_\mu}{\partial \sigma} \frac{\partial x^\mu}{\partial \sigma} = 0 \tag{1.46}$$

をうる．(1.45), (1.46)はすべての正準変数が独立ではないことをあらわす．

$H(\sigma)$ と $T(\sigma)$ はポアッソン括弧により定められる次のような代数を形成していることが容易に確かめられる．

$$\{p_\mu(\sigma), x_\nu(\sigma')\}_{\mathrm{P.B.}} = -g_{\mu\nu}\delta(\sigma-\sigma') \tag{1.47}$$

として，

$$\{H(\sigma), H(\sigma')\}_{\mathrm{P.B.}} = 2\kappa_0{}^2\delta'(\sigma-\sigma')T(\sigma)+\kappa_0{}^2\delta(\sigma-\sigma')\frac{\partial T}{\partial\sigma} \tag{1.48a}$$

$$\{T(\sigma), T(\sigma')\}_{\mathrm{P.B.}} = 2\delta'(\sigma-\sigma')T(\sigma)+\delta(\sigma-\sigma')\frac{\partial T}{\partial\sigma} \tag{1.48b}$$

$$\{T(\sigma), H(\sigma')\}_{\mathrm{P.B.}} = 2\delta'(\sigma-\sigma')H(\sigma)+\delta(\sigma-\sigma')\frac{\partial H}{\partial\sigma} \tag{1.48c}$$

$$\delta'(\sigma-\sigma') = \frac{\partial}{\partial\sigma}\delta(\sigma-\sigma')$$

これより，(1.45)と(1.46)は位相空間を制限する補助条件とみなして矛盾が生じないことがわかる．したがってディラックの形式によればハミルトン関数は

$$\mathscr{H} = \int d\sigma\{\lambda_0(\sigma)H(\sigma)+\lambda_1(\sigma)T(\sigma)\}$$

$$\lambda_0, \lambda_1 \text{ は任意関数} \tag{1.49}$$

と与えられる．実際，(1.49)よりハミルトンの方程式を求めれば

$$\lambda_0{}^{-1} = -\kappa_0 g_{11}/\sqrt{-\det g}, \qquad \lambda_1 = g_{01}/g_{11}$$

と選んでオイラーの方程式をうることができる．

オイラーの方程式(1.19)において

$$g_{00}+g_{11} = 0, \qquad g_{01} = 0 \tag{1.50}$$

となるように(τ, σ)を選べば

$$\sqrt{-\det g}\; h^0_\mu = h_{0,\mu}, \qquad \sqrt{-\det g}\; h^1_\mu = -h_{1,\mu} \tag{1.51}$$

となりオイラーの方程式は，

$$\frac{\partial^2 x_\mu}{\partial\tau^2}-\frac{\partial^2 x_\mu}{\partial\sigma^2} = 0 \tag{1.52}$$

となる．この方程式を導く作用積分は

$$I = \int d\sigma d\tau \frac{\kappa_0}{2}(g_{00}-g_{11}) \tag{1.53}$$

である．したがって，この作用積分から出発して正準形式にうつれば，正準運動量は

$$p_\mu(\sigma) = \kappa_0 \frac{\partial x_\mu}{\partial \tau} \tag{1.54}$$

と定まり，ハミルトン関数は

$$H = \int d\sigma \frac{1}{2\kappa_0}\left[p_\mu p^\mu + \kappa_0{}^2 \frac{\partial x_\mu}{\partial \sigma}\frac{\partial x^\mu}{\partial \sigma} \right] \tag{1.55}$$

となり，通常の形式が用いられる．その代り，(1.50)の条件を正準変数で書いて付け加えねばならない．すなわち

$$H(\sigma) = p_\mu p^\mu + \kappa_0{}^2 \frac{\partial x_\mu}{\partial \sigma}\frac{\partial x^\mu}{\partial \sigma} = 0, \quad T(\sigma) = p_\mu \frac{\partial x^\mu}{\partial \sigma} = 0 \tag{1.56}$$

をおかねばならない．(1.56)は(1.45), (1.46)と同じ形をしている．したがって，この補助条件は互に矛盾を生ずることはない．

(1.53)の作用積分は

$$\begin{aligned}
&\tau \to \tau + \delta\tau, \qquad \sigma \to \sigma + \delta\sigma \\
&\delta\tau = \frac{1}{2}[\varepsilon_1 f^{(+)}(\tau-\sigma) + \varepsilon_2 f^{(-)}(\tau+\sigma)] \qquad |\varepsilon_1|, |\varepsilon_2| \ll 1 \\
&\delta\sigma = \frac{1}{2}[-\varepsilon_1 f^{(+)}(\tau-\sigma) + \varepsilon_2 f^{(-)}(\tau+\sigma)]
\end{aligned} \tag{1.57}$$

の変換に対して不変である．そして正準形式でこの変換をひきおこす母関数は

$$L^{(\pm)} = -\frac{1}{4\kappa_0}\left(p_\mu \mp \kappa_0 \frac{\partial x_\mu}{\partial \sigma} \right)^2 \tag{1.58}$$

を用いて

$$L[f] = \int d\sigma \{ f^{(+)}(\tau-\sigma) L^{(+)}(\tau, \sigma) + f^{(-)}(\tau-\sigma) L^{(-)}(\tau, \sigma) \} \tag{1.59}$$

となる．一般に $\tau \to \tau + \tau_0$ の変換は(1.55)の H を用いてあらわされるので $L^{(\pm)}$ の演算子は $\tau = 0$ のものを用いてあらわされる．すなわち，出発点では (τ, σ) の任意の変換に対して不変な，しかし，非線型の方程式であったが，(τ, σ) を適当に選ぶことにより，簡単な方程式になり，不変性が(1.57)の共形変換に対するものに制限されたことになる．なお(1.58)の $L^{(\pm)}$ は(1.56)の H と T を用いて

$$L^{(\pm)} = -\frac{1}{4\kappa_0}\{H(\sigma)\mp 2T(\sigma)\} \tag{1.58'}$$

であるから補助条件は

$$L^{(+)}(\sigma) = 0, \qquad L^{(-)}(\sigma) = 0 \tag{1.60}$$

とも書ける.

§5.2 紐の量子論

前節の正準形式を用いて量子論に移行することは形式的に困難はない. ハミルトン関数はすでに述べたようにゼロになるので, 量子論においては次の二つの補助条件で状態が定められる.

$$\begin{aligned} H(\sigma)|\Psi\rangle &= 0 \\ T(\sigma)|\Psi\rangle &= 0 \end{aligned} \tag{2.1}$$

$H(\sigma), T(\sigma)$ にあらわれる正準変数は

$$[p_\mu(\sigma), x_\nu(\sigma')] = -ig_{\mu\nu}\delta(\sigma-\sigma') \tag{2.2}$$

の交換関係をみたす演算子である. (2.1)の条件は, $H(\sigma)$ と $T(\sigma)$ の交換関係が(1.48)のポアッソン括弧に $-i$ をかけたものになるので, 矛盾を生じない. しかし, 紐の自由度は無限大であるので, 場の理論の場合によく似た困難が生ずるので量子論を合理的につくりあげるのはそれほど簡単ではない.

今 σ の変域を $[\sigma_0, \sigma_1]$ とし, この領域での完全規格直交系を $\{f_n(\sigma)\}$ とすれば

$$\begin{aligned} x_\mu[n] &= \int_{\sigma_0}^{\sigma_1} d\sigma\, f_n(\sigma) x_\mu(\sigma) \\ p_\mu[n] &= \int_{\sigma_0}^{\sigma_1} d\sigma\, f_n(\sigma) p_\mu(\sigma) \end{aligned} \tag{2.3}$$

として

$$[p_\mu[n], x_\nu[m]] = -ig_{\mu\nu}\delta_{n,m} \tag{2.4}$$

と可算無限個の正準変数の組が導入される. ここで

$$\begin{aligned} &\int_{\sigma_0}^{\sigma_1} d\sigma\, f_n(\sigma) f_m(\sigma) = \delta_{n,m} \\ &\sum_{n=0}^{\infty} f_n(\sigma) f_n(\sigma') = \delta(\sigma-\sigma') \end{aligned} \tag{2.5}$$

とした．$H(\sigma)$ の形から $f_n(\sigma)$ としては両端のある場合に

$$\{f_n(\sigma)\} = \left\{\frac{1}{\sqrt{L}},\ \sqrt{\frac{2}{L}}\cos\frac{\pi n(\sigma-\sigma_0)}{L},\ n=1,2,\cdots\right\} \tag{2.6}$$

と選ぶと便利である．こうとって

$$a_\mu(n) = \sqrt{\frac{\pi\kappa_0 n}{2L}}x_\mu[n] - i\sqrt{\frac{L}{2\pi\kappa_0 n}}p_\mu[n] \qquad (n\geq 1) \tag{2.7}$$

とすれば

$$[a_\mu(n), a_\nu^\dagger(m)] = -g_{\mu\nu}\delta_{n,m} \qquad (n, m\geq 1) \tag{2.8}$$

となり，$n=0$ の場合は

$$P_\mu = \int_{\sigma_0}^{\sigma_1} d\sigma\, p_\mu(\sigma) = \sqrt{L}\, p_\mu[0]$$

$$X_\mu = \frac{1}{L}\int_{\sigma_0}^{\sigma_1} d\sigma\, x_\mu(\sigma) = \frac{1}{\sqrt{L}}x_\mu[0] \tag{2.9}$$

と全運動量 P_μ と幾何学的重心 X_μ とに関係づけられる．ここで

$$[P_\mu, X_\nu] = -ig_{\mu\nu} \tag{2.10}$$

である．両端のある場合には $H(\sigma)$ と $T(\sigma)$ のフーリエ係数を用いて

$$\frac{1}{L}H_0 = 2\int_{c_0}^{\sigma_1} d\sigma\, H(\sigma) \tag{2.11}$$

$$\frac{1}{L}\Lambda_n = \sqrt{2L}\int_{\sigma_0}^{\sigma_1} d\sigma\cos\frac{\pi n(\sigma-\sigma_0)}{L}H_0(\sigma) - 2i\kappa_0\int_{\sigma_0}^{\sigma_1} d\sigma\sin\frac{\pi n(\sigma-\sigma_0)}{L}(T\sigma) \qquad (n\geq 1) \tag{2.12}$$

とすると

$$H_0 = P^2 + \sum_{n=1}^{\infty}\omega(n)a_\mu^\dagger(n)a^\mu(n) \tag{2.13a}$$

$$\Lambda_n = -\sqrt{2\omega(n)}\,iP_\mu a(n)^\mu + \sum_{l=1}^{\infty}\sqrt{\omega(n+l)\omega(l)}\,a_\mu^\dagger(l)a^\mu(n+l) - \frac{1}{2}\sum_{l=1}^{n-1}\sqrt{\omega(l)\omega(n-l)}\,a_\mu(l)a^\mu(n-l) \tag{2.13b}$$

$$\Lambda_n^\dagger = \sqrt{2\omega(n)}\,iP_\mu a^\dagger(n)^\mu + \sum_{l=1}^{\infty}\sqrt{\omega(n+l)\omega(l)}\,a_\mu^\dagger(n+l)a^\mu(l) - \frac{1}{2}\sum_{l=1}^{n-1}\sqrt{\omega(l)\omega(n-l)}\,a_\mu^\dagger(l)a^\dagger(n-l)^\mu \tag{2.13c}$$

$$\omega(n) = 2\pi\kappa_0 n$$

となる．ここで H_0 にあらわれる無限大の定数はおとした．これを用いると次の交換関係が導かれる．

$$[H_0, a_\mu(n)] = -\omega(n)a_\mu(n)$$
$$[\Lambda_n, a_\mu(m)] = \sqrt{\omega(n+m)\omega(m)}a_\mu(n+m)$$
$$[\Lambda_n, a_\mu^\dagger(m)] = \sqrt{2\omega(n)}iP_\mu\delta_{n,m}\begin{cases}+\sqrt{\omega(m)\omega(m-n)}a_\mu^\dagger(m-n) & (m\geq n)\\ -\sqrt{\omega(m)\omega(n-m)}a_\mu(n-m) & (m\leq n)\end{cases} \tag{2.14}$$

$$[\Lambda_n, \Lambda_m] = \omega(n-m)\Lambda_{n+m}$$
$$[\Lambda_n, \Lambda_m^\dagger] = \begin{cases}\omega(n+m)\Lambda_{n-m} & (n>m)\\ \omega(n+m)\Lambda_{m-n}^\dagger & (n<m)\end{cases} \tag{2.15}$$
$$[H_0, \Lambda_n] = -\omega(n)\Lambda(n)$$
$$[\Lambda_n, \Lambda_n^\dagger] = 2\omega(n)H_0 + \frac{d}{12}n(n^2-1)\omega_0^2$$
$$\omega(n) = \omega_0 n = 2\pi\kappa_0 n, \qquad d=4 \tag{2.16}$$

ここで(2.16)の d はもし時間空間が d 次元ならその次元の数をいれる．(2.16)の c 数の付加項は量子論にあらわれる不定性に関係している．

ここで行った書きかえは，演算子を表現するベクトル空間を

$$a_\mu(n)|0\rangle \tag{2.17}$$

で定義される $|0\rangle$ を用いて $a_\mu^\dagger$ をかけて構成していくことを前提としており，H_0, Λ_n を normal order の形にかき，無限大の定数を無視したことはこのようなベクトル空間を用いることで意味をもってくる．また(2.17)と(2.8)から $a_\mu(n)$ の $\mu=0$ の成分に関して不定計量を用いることにしていることも明らかである．

さて，古典論から導かれた補助条件(2.1)のすべてを用いることは

$$H_0|\Psi\rangle = 0, \qquad \Lambda_n|\Psi\rangle = 0, \qquad \Lambda_n^\dagger|\Psi\rangle = 0 \qquad (n\geq 1) \tag{2.18}$$

をおくことと等価であるが，今の場合このようにおくことは矛盾をひきおこす．すなわち，交換関係(2.16)で c 数の項 $\frac{d}{12}\times(\cdots)$ があらわれるので Λ_n と $\Lambda_n^\dagger$ を同時にゼロと要求することはできない．そこで，量子電磁力学のグプタ形式の類推から

$$H_0|\Psi\rangle = 0, \qquad \Lambda_n|\Psi\rangle = 0 \qquad (n=1, 2, \cdots) \tag{2.19}$$

を要請し，(2.1)の補助条件は期待値として成り立つことで満足することにしよう．すなわち(2.19)から

$$\langle \Psi | \Lambda_n^\dagger | \Psi \rangle = 0$$

となるから(2.18)はすべて期待値で成立する．

ここで不定計量を用いることの理由についてのべておく．bi-local 場と異なり，紐は無限の自由度をもつので，正準交換関係(2.8)(または(2.4))を表現するベクトル空間は一意的ではない．ここでは(2.17)で基底状態をさだめてそれを出発点にしてベクトル空間を構成した．この場合には $|0\rangle$ はローレンツ不変なベクトルである．これに対して，もしユニタリー表現を用いることにして基底状態を

$$a_k | \Psi_0 \rangle = 0, \qquad a_0^* | \Psi_0 \rangle = 0 \tag{2.20}$$

と定義したとするとこの $|\Psi_0\rangle$ はローレンツ不変でなくなり，ローレンツ変換により励起子の数の多い状態が混ってくる．そして，演算子の normal order もまたローレンツ不変ではなくなる．これは実際上の取扱いを複雑にするだけではなく，演算子の方法で量子論を展開することを原理的に困難にする．その理由は，考えているベクトル空間でローレンツ群を表わすことが不可能になるからである．つまり，ローレンツ変換を行うと考えているベクトルはもとのヒルベルト空間の外にでてしまうので，(2.20)からつくられる可分なヒルベルト空間は，ローレンツ群の表現空間でなくなる．これをみるには

$$\langle \Psi_0 | e^{i\omega R_3} | \Psi_0 \rangle = \lim_{n\to\infty} \left(\frac{1}{\operatorname{ch} \omega} \right)^n \longrightarrow 0$$

をみればよいであろう．したがって，もし不定計量を避けるつもりならば，ローレンツ変換について工夫をしておかなければならない．たとえば，パラメター σ はローレンツ不変なパラメターではないとして，基底状態 $|\Psi_0\rangle$ はローレンツ不変なようにとれるようにしなければならない．場の理論にあらわれるパラメター x_μ ($\psi(x_\mu)$ の x_μ)はそのようになっていて，自由場に関してはよく知られているように合理的な定式化が可能である．

今までは両端のある場合について述べてきたが，閉じた紐の場合には周期条件があるので

$$\{f_n(\sigma)\}=\left\{\frac{1}{\sqrt{L}}\exp\left[\frac{-2\pi in(\sigma-\sigma_0)}{L}\right]\right\}\qquad (n=0,\ \pm1,\ \pm2,\ \cdots)\tag{2.21}$$

を用いることになる．この場合には，

$$x_\mu(\sigma)=\sum_{n=-\infty}^{+\infty}x_\mu[n]f_n(\sigma),\qquad p_\mu(\sigma)=\sum_{n=-\infty}^{\infty}p_\mu[n]f_n(\sigma)\tag{2.22}$$

として，$x_\mu(\sigma), p_\mu(\sigma)$ が実数であるので

$$x_\mu^\dagger[n]=x_\mu[-n],\qquad p_\mu^\dagger[n]=p_\mu[-n]\tag{2.23}$$

となる．そして，

$$\begin{aligned}A_\mu^{(+)}(\sigma)&=\frac{1}{\sqrt{2}}\left[p_\mu(\sigma)+\kappa_0\frac{\partial x_\mu}{\partial\sigma}\right]\\ A_\mu^{(-)}(\sigma)&=\frac{1}{\sqrt{2}}\left[-p_\mu(\sigma)+\kappa_0\frac{\partial x_\mu}{\partial\sigma}\right]\end{aligned}\tag{2.24}$$

として

$$\begin{aligned}\frac{1}{\sqrt{2}}L^{(+)}(\sigma)&=H(\sigma)+\kappa_0T(\sigma)=A_\mu^{(+)}(\sigma)A^{(+)\mu}(\sigma)\\ \frac{1}{\sqrt{2}}L^{(-)}(\sigma)&=-H(\sigma)+\kappa_0T(\sigma)=A_\mu^{(-)}(\sigma)A^{(-)\mu}(\sigma)\end{aligned}\tag{2.25}$$

を用いると便利である．これらの交換関係は

$$\begin{aligned}&[A_\mu^{(+)}(\sigma),\ A_\nu^{(-)}(\sigma')]=0\\ &[A_\mu^{(\pm)}(\sigma),\ A_\nu^{(\pm)}(\sigma')]=-ig_{\mu\nu}\kappa_0\frac{\partial\delta(\sigma-\sigma')}{\partial\sigma}\end{aligned}\tag{2.26}$$

となる．この交換関係から

$$L^{(\pm)}[f]=\int_{\sigma_0}^{\sigma_1}d\sigma\, f(\sigma)L^{(\pm)}(\sigma)$$
$$(f(\sigma)\text{ は任意の関数})\tag{2.27}$$

の交換関係を求めると

$$\begin{aligned}&[L^{(\pm)}[f],\ L^{(\pm)}[g]]=-i\sqrt{2}\kappa_0L^{(\pm)}[f\otimes g]\\ &f\otimes g=\frac{df}{d\sigma}g-f\frac{dg}{d\sigma}\\ &[L^{(+)}[f],\ L^{(-)}[g]]=0\end{aligned}\tag{2.28}$$

となり，2組の互に独立な部分にわかれることがわかる．なお，次の交換関係も有用である．

$$[L^{(\pm)}[f], A_\mu^{(\pm)}(\sigma)] = -i\sqrt{2}\kappa_0\frac{\partial}{\partial\sigma}(f(\sigma)A_\mu^{(\pm)}(\sigma))$$
$$[L^{(\pm)}(f), A_\mu^{(\mp)}(\sigma)] = 0 \tag{2.29}$$

これを用いると

$$[A_\mu^{(\pm)}[f_n], A_\nu^{(\pm)}[f_m]] = \mp g_{\mu\nu}(2\pi\kappa_0 n)\frac{1}{L}\delta_{n,-m} \tag{2.30}$$

となり励起子の演算子が簡単に定義される．

§5.3　紐と外場の相互作用

紐の理論のはじまりは，双対的散乱振幅を演算子を用いてあらわし，いわゆる factorization の性質を見やすくする表式を解釈しなおした所にある．N 本の外線をもつ散乱振幅はスカラー場の中における紐の運動の N 次の摂動項になる．したがって，紐の理論は初めから相互作用の理論として登場し，その後自由粒子の理論が成立したと考えられよう．ここでは前節に述べた(2.19)を無数に多くの補助条件をもつ相対論的波動方程式とみなし，これらの条件に矛盾なく外場との相互作用を導入することを主体に考えることにする．

自由な紐の波動方程式は(2.19)である．ここで Λ_n と $H_0\equiv\Lambda_0$ は(2.16)の交換関係をみたす．これに外場と紐の端との相互作用を次の形で付け加える．

$$H_0 \rightarrow H = H_0 + H_I$$
$$H_I = g\int d\sigma\delta(\sigma):\phi(x(\sigma)):$$
$$= g:\phi(x(0)): \tag{3.1}$$

ここで：：は $x(0)$ の演算子の normal product をとることを意味する．スカラー場 $\phi(x)$ は k_μ の運動量をもつとすれば

$$H_I = g:e^{ik_\mu x^\mu(0)}: \tag{3.2}$$

であるから $H=H_0+H_I$ を用いた波動方程式

$$H|\Psi\rangle = 0 \tag{3.3}$$

と $\Lambda_n|\Psi\rangle=0$ の補助条件の両立性が問題になる．そこで(2.16)の交換関係を用

いて

$$\Lambda_0 = H_0$$
$$\tilde{\Lambda}_n = \Lambda_n - \Lambda_0 \qquad (n \geq 1) \tag{3.4}$$

の交換関係をしらべると

$$[\tilde{\Lambda}_r, \tilde{\Lambda}_s] = (r-s)\tilde{\Lambda}_{r+s} - s\tilde{\Lambda}_s + r\tilde{\Lambda}_r \qquad (r, s \geq 1)$$
$$[\tilde{\Lambda}_r, \Lambda_0] = r\tilde{\Lambda}_r + r\Lambda_0 \tag{3.5}$$

となる．他方

$$[\tilde{\Lambda}_r, e^{ikx(0)}] = -rk^2 e^{ikx(0)} \tag{3.6}$$

であるから $k^2=-1$ であれば Λ_0 の代りに

$$\Lambda_0 \rightarrow \tilde{\Lambda}_0 = H_0 + g{:}e^{ikx(0)}{:} \qquad (k^2=-1) \tag{3.7}$$

を用いても $\tilde{\Lambda}_0$, $\tilde{\Lambda}_r$ の交換関係(3.5)は変らない．すなわち

$$\tilde{\Lambda}_0,\ \tilde{\Lambda}_n = \Lambda_n - \tilde{\Lambda}_0$$
$$[\tilde{\Lambda}_r, \tilde{\Lambda}_s] = (r-s)\tilde{\Lambda}_{r+s} - s\tilde{\Lambda}_s + r\tilde{\Lambda}_r \qquad (r, s \geq 0) \tag{3.8}$$

である．したがって

$$\tilde{\Lambda}_n|\Psi\rangle = 0 \qquad (n \geq 0) \tag{3.9}$$

は矛盾を生じない．このようにして $k^2=-1$ (タキオン)の場合には一応矛盾なく相互作用が導入されることがわかる．($k^2=-1$ は(質量)^2 の単位として $4\pi\kappa_0$ をとる．)

閉じた紐の場合は(2.27)の $f(\sigma)$ として(2.21)を用いると

$$L_n^{(\pm)} = -\frac{1}{\kappa_0}\int_{-\pi}^{\pi} d\sigma\, e^{\mp in\sigma}{:}\left(p_\mu \mp \kappa_0 \frac{\partial x_\mu}{\partial\sigma}\right)^2{:} \tag{3.10}$$

として

$$[L_n^{(\pm)}, L_m^{(\pm)}] = (n-m)L_{n+m}^{(\pm)} + \frac{d}{3}m(m^2-1)\delta_{n+m,0}$$
$$[L_n^{(+)}, L_m^{(-)}] = 0 \tag{3.11}$$

となるので

$$L_n^{(\pm)} \rightarrow \tilde{L}_n^{(\pm)} = L_n^{(\pm)} + V_n^{(\pm)}$$
$$V_n^{(\pm)} = \frac{1}{2}g\int_{-\pi}^{\pi} d\sigma\, e^{\mp in\sigma}{:}\phi(x(\sigma)){:}$$
$$(\Box - \mu^2)\phi = 0, \qquad \mu^2 = -8\pi\kappa_0 \tag{3.12}$$

ととると

$$[\tilde{L}_n^{(\pm)}, \tilde{L}_m^{(\pm)}] = (n-m)\tilde{L}_{n+m}^{(\pm)} + \frac{d}{3}m(m^2-1)\delta_{n+m,0} \tag{3.13}$$

となりこれは(3.11)と全く同じだから

$$H = \tilde{L}_0^{(+)} + \tilde{L}_0^{(-)} \tag{3.14}$$

とおいて

$$[H-\alpha(0)]|\Psi\rangle = 0$$
$$\tilde{L}_n^{(\pm)}|\Psi\rangle = 0 \qquad (n \geq 1) \tag{3.15}$$

として相互作用が導入できる. これはヴィラソロ・シャピロ (Virasoro-Shapiro) モデルとよばれるものである.

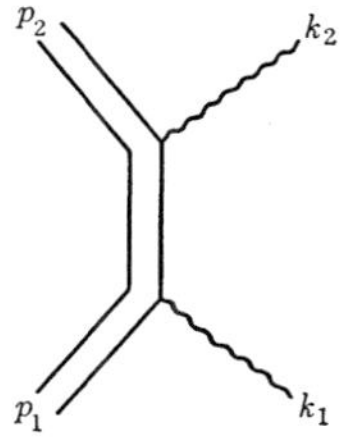

図 5.2

さて, ボルン近似で散乱振幅を求めてみよう. これは(3.9)の $n=0$ の式を図5.2に相当する近似でとくことを意味する. 紐の伝播関数は

$$\frac{1}{H_0} = \frac{1}{P^2 + \sum_{n=1}^{\infty} \omega(n)a^\dagger(n)a(n) - \mu^2} \tag{3.16}$$

であり, 相互作用 H_I は(3.2)である. (3.2)は

$$\begin{aligned} H_I &= g{:}e^{ikx(0)}{:} \\ &= g{:}\exp\left[ik\sum_{n=1}^{\infty} x[n]\right]{:}e^{ikX} \\ &= ge^{ikX}\exp\left[ik\sum_{n=1}^{\infty}\sqrt{\frac{1}{2\pi\kappa_0 n}}a^\dagger(n)\right]\exp\left[ik\sum_{n=1}^{\infty}\sqrt{\frac{1}{2\pi\kappa_0 n}}a(n)\right] \end{aligned} \tag{3.17}$$

と書ける. したがって散乱振幅は紐の基底状態に対しては

$$A = \langle 0|H_I \frac{1}{H_0} H_I|0\rangle$$
$$= g^2\delta(p_1+k_1-p_2-k_2)\,\langle 0|\,\exp\left[-i\sum_{n=1}^{\infty}\sqrt{\frac{r}{2\pi\kappa_0 n}}(k_2 a(n)\right]\frac{1}{H_0}\times$$
$$\times\exp\left[i\sum_{n=1}^{\infty}\sqrt{\frac{1}{2\pi\kappa_0 n}}(k_1 a^*(n))\right]|0\rangle \tag{3.18}$$

となる．また $H_0{}^{-1}$ は

$$\frac{1}{H_0} = \frac{1}{2\pi\kappa_0}\frac{1}{\alpha(p)+\sum na^\dagger(n)a(n)}$$
$$= \frac{1}{2\pi\kappa_0}\frac{i}{\sin\pi\alpha(p)}\int_C dz(-z)^{-\alpha(p)-1}z^{-N}$$
$$N = \sum_{n=1}^{\infty} na^\dagger(n)a(n) \quad \text{（整数固有値）}$$
$$\alpha(p) = \frac{1}{2\pi\kappa_0}(p^2-\mu^2) \tag{3.19}$$

と書けるので，

$$A = \frac{g^2}{2\pi\kappa_0}\frac{i}{\sin\pi\alpha(p)}\int_C dz\,(-z)^{-\alpha(P)-1}(1-z)^{(k_1k_2)/2\pi\kappa_0}$$
$$= \frac{g^2}{2\pi\kappa_0}\frac{i}{\sin\pi\alpha(p)}\int_C dz\,(-z)^{-\alpha(s)-1}(1-z)^{-\alpha(t)-1} \tag{3.20}$$

となる．右辺はベーター関数の積分表示になることに注意すればベネチアノの双対振幅が得られることが予想できるだろう．(3.20)の積分表示を用いて $\alpha(s)\to\infty$ の漸近形を直接求めることができて，

$$A \longrightarrow [\alpha(s)]^{\alpha(t)+1}$$

の形をとることは容易にみることができる．

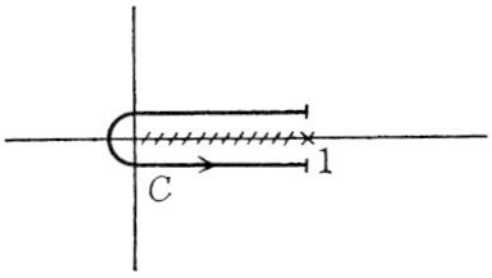

図 5.3

§5.4 紐の模型における電磁相互作用

紐と局所場との相互作用において特に興味があるのは電磁相互作用である．紐に荷電分布 $\rho(\sigma)$ を仮定すれば，ゲージ不変性を考えて，紐の各点の運動量 $p_\mu(\sigma)$ を

$$p_\mu(\sigma) \rightarrow p_\mu(\sigma) - i\rho(\sigma)A_\mu(x(\sigma)) \tag{4.1}$$

とおきかえることにより電磁相互作用を導入すると考えるのが最も簡単なやり方であろう．しかし，このようにして導入された電磁相互作用は

$$\rho(\sigma) = e_1\delta(\sigma) + e_2\delta(\sigma - L) \tag{4.2}$$

と電荷分布が紐の両端に集中していて，電磁場 A_μ のもつ運動量 k_μ が

$$k_\mu{}^2 = 0$$

という条件をみたしていないと補助条件と矛盾してしまうことが知られている．しかも，このようにして導入される相互作用を取扱うとき $[\delta(\sigma)]^2$ のような数学的な取扱いに困る項が生ずる．これらの困難をさけて矛盾のない形で電磁相互作用を導入することを主な目的としてこの節では模型の若干の拡張を行って紐の電磁相互作用の形式を検討してみたい．

はじめに保存流の一般的形と電磁的電流の定義についての一般的な注意を与えることにしよう．

1) 保存流 $J_\mu(x)$

いま，次の形で与えられる $J^\mu(x)$ を考える．

$$J^\mu(x) = \int d^2\xi h^\mu_\alpha(\xi) J^\alpha(\xi)\delta^4(y(\xi) - x) \tag{4.3}$$

これは世界面上に実体のあるものからつくられる流れである．もし $J^\alpha(\xi)$ が境界条件をみたしかつ2次元的面上で連続の式

$$\partial_\alpha J^\alpha = 0 \tag{4.4}$$

をみたすならば $J^\mu(x)$ は4次元的な意味で保存流である．すなわち

$$\partial_\mu J^\mu(x) = 0 \tag{4.5}$$

をみたす．(4.3) が ξ の一般変換に対して不変な場合には j^α を2次元的な反変ベクトルとして

$$J^\alpha = \sqrt{-\det g}\, j^\alpha \tag{4.6}$$

の形であればよい．このような例として，自由な紐のエネルギー運動量テンソ

ル $T_{\mu\nu}$ がある．これは

$$T_{\mu\nu}(x)=\int d^2\xi\kappa_0\sqrt{-\det g}\ h^{\alpha}_{\mu}h_{\alpha,\nu}\delta^4(y(\xi)-x) \tag{4.7}$$

と定義されて，実際

$$\begin{aligned}\partial^{\nu}T_{\mu\nu}(x)&=-\int d^2\xi\kappa_0\sqrt{-\det g}\ h^{\alpha}_{\mu}h_{\alpha,\nu}\frac{\partial\delta^4(y(\xi)-x)}{\partial y_{\nu}}\\&=-\int d^2\xi\kappa_0\sqrt{-\det g}\ h^{\alpha}_{\mu}\frac{\partial}{\partial\xi^{\alpha}}\delta^4(y(\xi)-x)\\&=\int d^2\xi\frac{\partial}{\partial\xi^{\alpha}}[\kappa_0\sqrt{-\det g}\ h^{\alpha}_{\mu}]\,\delta^4(y(\xi)-x)=0\end{aligned} \tag{4.8}$$

とオイラーの方程式を用いて $T_{\mu\nu}$ が保存流であることが示される．

2)　電流の定義

いま紐が電磁場 A_{μ} と相互作用をしているとし，そのラグランジュ関数を

$$\mathcal{L}=\mathcal{L}(\cdots;\ A_{\mu}(y(\xi))) \tag{4.9}$$

としたとき，電流 $J_{\mu}(x)$ は

$$J_{\mu}(x)=\int d^2\xi\frac{\partial\mathcal{L}}{\partial A_{\mu}(y(\xi))}\delta^4(y(\xi)-x) \tag{4.10}$$

と定義される．そして，

$$\frac{\partial\mathcal{L}}{\partial A_{\mu}(y(\xi))}=h^{\mu}_{\alpha}(\xi)J^{\alpha}(\xi) \tag{4.11}$$

としたとき $J^{\alpha}(\xi)$ は

$$\partial_{\alpha}J^{\alpha}(\xi)=0$$

をみたさねばならない．(4.9) のラグランジュ関数がゲージ不変であればこの保存則はつねにみたされていると期待される．

3)　紐の模型の拡張

はじめに述べたように，もし紐の上に荷電分布 $\rho(\sigma)$ をあらかじめ与えたとするとこの分布関数は特別な意味をもち，パラメター σ の変換が分布関数の形を変えてしまうので，そのような変換に対して不変な理論がつくれなくなる．これが補助条件と相互作用の導入が両立しない主な原因である．したがって，電荷分布をあらかじめ定った形で与えるのではなく，運動状態に応じて変る力学変数として導入する必要がある．そこでわれわれは電荷を荷なっている実体と

して二次の世界面上で定義された場 $\chi(\xi)$ を考えよう．$\chi(\xi)$ は四次元の量としては簡単のために複素スカラーであるとしよう．こうすると紐の模型は，紐の各点の位置をあらわす $x_\mu(\xi)$ のほかに $\chi(\xi), \chi^*(\xi)$ という力学変数をもつ力学系に拡張されたことになる．

まず自由な紐のラグランジュ関数を

$$\mathcal{L}_0 = \kappa_0\sqrt{-\det G^0}$$
$$G^0_{\alpha\beta} = \frac{\partial x_\mu}{\partial \xi^\alpha}\frac{\partial x^\mu}{\partial \xi^\beta} - \frac{\partial \chi^*}{\partial \xi^\alpha}\frac{\partial \chi}{\partial \xi^\beta} - \frac{\partial \chi^*}{\partial \xi^\beta}\frac{\partial \chi}{\partial \xi^\alpha} \tag{4.12}$$

とする．ここで

$$\chi = \frac{1}{2}(x_4 + ix_5) \tag{4.13}$$

ととれば，(4.12)は六次元空間の中の紐の理論にほかならないので，自由な紐の理論は§5.1で行ったと同じように構成される．

さて，(4.12)のラグランジュ関数に次のゲージ変換に対する不変性を要求する．すなわち

$$\chi(\xi) \to e^{ie\Lambda(x(\xi))}\chi(\xi) \tag{4.14}$$

ここで $\Lambda(x)$ は任意のスカラー関数である．ゲージ不変性の要求は χ に対する微分を

$$\frac{\partial}{\partial \xi^\alpha} \to D_\alpha = \frac{\partial}{\partial \xi^\alpha} - ieA_\mu(x(\xi))\frac{\partial x^\mu(\xi)}{\partial \xi^\alpha} \tag{4.15}$$

とおきかえることによってみたされる．$D_\alpha\chi$ は(4.14)の変換と同時に

$$A_\mu(x) \to A_\mu - \partial_\mu\Lambda \tag{4.16}$$

のおきかえをすることにより不変に保たれる．したがって(4.12)を次のように変更することによってゲージ不変なラグランジュ関数をうることができる．すなわち

$$\mathcal{L} = \kappa_0\sqrt{-\det G}$$
$$G_{\alpha\beta} = \frac{\partial x_\mu}{\partial \xi^\alpha}\frac{\partial x^\mu}{\partial \xi^\beta} - (D_\alpha\chi)^*(D_\beta\chi) - (D_\beta\chi)^*(D_\alpha\chi) \tag{4.17}$$

(4.17)は無限小ゲージ変換

$$\delta\chi = -ie\lambda\chi, \qquad \delta\chi^* = ie\lambda\chi^*, \qquad \delta A_\mu = -\partial_\mu\lambda \tag{4.18}$$

に対して不変であるから

$$\delta\mathcal{L}=\frac{\partial\mathcal{L}}{\partial(\partial_\alpha\chi)}\delta(\partial_\alpha\chi)+\frac{\partial\mathcal{L}}{\partial\chi}\delta\chi+\frac{\partial\mathcal{L}}{\partial(\partial_\alpha\chi^*)}\delta(\partial_\alpha\chi^*)+\frac{\partial\mathcal{L}}{\partial\chi^*}\delta\chi^*+\frac{\partial\mathcal{L}}{\partial A_\mu}\delta A_\mu=0 \tag{4.19}$$

が成立する．このことから次の保存則が導かれる．すなわち，

$$\frac{\partial J^\alpha}{\partial\xi^\alpha}=0,\qquad \frac{\partial\mathcal{L}}{\partial a_\alpha}=J^\alpha$$

$$a_\alpha=A_\mu\frac{\partial x^\mu}{\partial\xi^\alpha}=A_\mu(x(\xi))h^\mu_\alpha(\xi) \tag{4.20}$$

J^α の具体的な形は

$$J^\alpha=ie\left[\frac{\partial\mathcal{L}}{\partial(\partial_\alpha\chi)}\chi-\chi^*\frac{\partial\mathcal{L}}{\partial(\partial_\alpha\chi^*)}\right] \tag{4.21}$$

であり，保存電流は

$$J^\mu(x)=\frac{\delta}{\delta A_\mu(x)}\int d^2\xi\mathcal{L}=\int d^2\xi J^\alpha\frac{\partial y^\mu}{\partial\xi^\alpha}\delta^4(y(\xi)-x) \tag{4.22}$$

となる．

4) 正準形式

(4.17)のラグランジュ関数は ξ^α の一般変換に対して不変であり，ゲージ不変でもある．したがって，正準形式にうつり，量子化を行えば矛盾のない量子論が得られると期待してもよいだろう．そこで，正準形式を求めてみよう．正準運動量は次のように定義される．

$$p_\mu(\sigma)=\frac{\partial\mathcal{L}}{\partial\left(\dfrac{\partial x^\mu}{\partial\tau}\right)}=\frac{\kappa_0}{\sqrt{-\det G}}\left[-G_{11}\left\{\frac{\partial x_\mu}{\partial\tau}+ieA_\mu((D_0\chi)^*\chi-\chi^*D_0\chi)\right\}+\right.$$

$$\left.+G_{01}\left\{\frac{\partial x_\mu}{\partial\sigma}+ieA_\mu((D_1\chi)^*\chi-\chi^*D_1\chi)\right\}\right]$$

$$\pi=\frac{\partial\mathcal{L}}{\partial\left(\dfrac{\partial\chi}{\partial\tau}\right)}=\frac{\kappa_0}{\sqrt{-\det G}}[-G_{11}(D_0\chi)^*+G_{01}(D_1\chi)^*]$$

$$\pi^*=\frac{\partial\mathcal{L}}{\partial\left(\dfrac{\partial\chi^*}{\partial\tau}\right)}=\frac{\kappa_0}{\sqrt{-\det G}}[-G_{11}D_0\chi+G_{01}D_1\chi] \tag{4.23}$$

この定義から次のような条件が導かれる.

$$T(\sigma) \equiv p_\mu \frac{\partial x^\mu}{\partial \sigma} - \pi \frac{\partial \chi}{\partial \sigma} - \frac{\partial \chi^*}{\partial \sigma}\pi^* = 0 \tag{4.24a}$$

$$2H(\sigma) \equiv (p_\mu - J^0 A_\mu(x(\sigma)))^2 - 2\pi\pi^* + \kappa_0{}^2 G_{11} = 0 \tag{4.24b}$$

ここで

$$J^0 = ie[\pi\chi - \chi^*\pi^*] \tag{4.25}$$

$$G_{11} = \frac{\partial x_\mu}{\partial \sigma}\frac{\partial x^\mu}{\partial \sigma} - 2(D_1\chi)^*(D_1\chi) \tag{4.26}$$

である. $J^0(\sigma)$ は電荷密度を意味し, $\chi(\xi)$ が励起されていないときにはゼロとなり, 電気的に中性である. また, これは χ のゲージ変換

$$\chi(\sigma) \rightarrow e^{ie\Lambda(x(\sigma))}\chi(\sigma)$$

の生成子になっている. 実際,

$$U = \exp\left[-i\int d\sigma\, \Lambda(x(\sigma))J^0(\sigma)\right] \tag{4.27}$$

とすれば

$$U\chi(\sigma)U^{-1} = e^{ie\Lambda(x(\sigma))}\chi(\sigma) \tag{4.28}$$

となる. (4.27)の変換により

$$U\pi(\sigma)U^{-1} = e^{-ie\Lambda(x(\sigma))}\pi(\sigma)$$

$$Up_\mu(\sigma)U^{-1} = p_\mu + J^0\partial_\mu\Lambda(x(\sigma)) \tag{4.29}$$

となる. また

$$UT(\sigma)U^{-1} = T(\sigma) \tag{4.30}$$

を確かめることができる. すなわち $T(\sigma)$ はゲージ不変な量である. また(4.29)を用いると $A_\mu = \partial_\mu\Lambda$ のときにはゲージ変換 U を用いて

$$UH(\sigma)U^{-1} = H_0(\sigma) \tag{4.31}$$

と H のなかで $A_\mu = 0$ とおいたものに一致させることができて, 事実上自由な運動であることがわかる.

(4.24a), (4.24b)の条件は補助条件として取り扱うのでこれらの条件が矛盾を生じないかどうかをみるために交換関係をしらべてみる必要がある. これはかなり複雑な計算であるが結果は予想される通りで次のようになる.

$$[H(\sigma), H(\sigma')] = 2i\kappa_0{}^2\partial'(\sigma-\sigma')T(\sigma)+i\kappa_0{}^2\partial(\sigma-\sigma')\frac{\partial T}{\partial\sigma}$$

$$[T(\sigma), T(\sigma')] = 2i\partial'(\sigma-\sigma')T(\sigma)+i\partial(\sigma-\sigma')\frac{\partial T}{\partial\sigma}$$

$$[T(\sigma), H(\sigma')] = 2i\partial'(\sigma-\sigma')H(\sigma)+i\partial(\sigma-\sigma')\frac{\partial H}{\partial\sigma} \tag{4.32}$$

すなわち，§5.1の(1.48)と全く同じ形をしている．このようにしてわれわれの例はゲージ不変でパラメター ξ^α の一般変換に対して不変な矛盾のない正準形式であることがわかった．したがって量子論としては§5.2と同じく補助条件を半分にへらして不定計量を用いることにして矛盾のない理論がつくれると考えてもよいだろう．しかし量子論では normal order の形に演算子をならべかえるので，あらためて Virasoro の代数をみたすか否かをたしかめなければならない．これはまだ調べられていない．また，電磁場 $A_\mu(x)$ については何の制限もないから，光と紐の相互作用において，virtual な光子を含む過程にも適用できるはずである．しかし，これを実行するにはなお理論形式を整備する必要があるであろう．

ここで用いた模型は，カルツァ(Th. Kaluza)の五次元理論の類推で構成したものである[32],[33]．カルツァの理論では電荷の軸があった．これは今の場合第4軸と第5軸の面内の回転軸ということである．電荷をより力学的なものとして導入することが，電磁相互作用の合理的な導入には必要であることをこの節の例で強調しておきたい．内部自由度としての荷電スピン，ストレンジネスの理解も電磁相互作用と関係が深く，電荷の力学的取扱いが必要になることを暗示しているようにみえる．なお，ここでは χ を複素スカラーと考えたが，これをスピノルと考えると電荷のみならず，半整数スピンを同時に導入する可能性がある．しかし，χ をスピノルとした場合には

$$\frac{\partial\chi_\alpha}{\partial\xi^\alpha}\frac{\partial\chi^\alpha}{\partial\xi^\beta}+\text{c.c.} = \frac{\partial\chi_1}{\partial\xi^\alpha}\frac{\partial\chi_2}{\partial\xi^\beta}-\frac{\partial\chi_2}{\partial\xi^\alpha}\frac{\partial\chi_1}{\partial\xi^\beta}+\text{c.c.}$$

のようになり，正準運動量と正準座標を一つのスピノルとしてあつかうことになる．またスピノルの1階微分しか用いないとすれば

$$\chi^*\sigma_\mu h^{\alpha,\mu}\frac{\partial\chi}{\partial\xi^\beta}+(\alpha\longleftrightarrow\beta)$$

の形になり χ と x_μ の複雑な絡み合いが問題になる．このような問題はさらに検討に値する問題であろう．

§5.5　紐と紐の相互作用

紐の理論をハドロンの模型と考えれば，ハドロンの間の相互作用はいくつかの紐の間の相互作用と考えるのが自然である．紐の理論の提唱されはじめた頃から，この相互作用は1本の紐が2本にわかれたり，2本の紐が1本の紐になる過程として考えられた．しかし，その具体的な定式化はかなりおくれてなされた．自由な紐の理論には無数に多くの補助条件がある．そしてこれらの条件と矛盾することなく相互作用を導入することは困難なことである．そのため，これらの補助条件を消去して，補助条件なしの紐の理論があれば，この困難は避けられる[37]．しかし，このような理論は特別な変数のとり方をするために，ローレンツ不変性をみることが容易でない．また現在までに得られている結論は，時空間が26次元の時にのみ理論のローレンツ不変性が示されるという非現実的な結論である．しかも，補助条件の消去を系統的に行うには，ディラックの一般化された正準形式を用いるのが最も適当な方法と考えられるが，これはポアッソン括弧のかわりにディラック括弧式を用いる必要がある．この計算は一般にはかなり複雑である．ディラックの一般化された正準形式についての解説をここでする余裕もないので，補助条件の消去についての議論は文献[34]，[35]にゆずり，ここではbi-local場の場合と同じような立場で，補助条件にはとらわれずに相互作用のvertex functionalの構成についてのみ考えることにしよう．

紐の理論を形式的にみれば，その波動関数は無限成分波動関数であり，しかもローレンツ群の表現としては可約な表現になっている．そのため，ローレンツ不変性などの形式的制限で相互作用を導入することは実際的ではない．むしろ，紐の理論のもつ直観的な面を利用して，相互作用の過程に物理的模型を導入してその形を制限するのが実際的であろう．二三の場合について具体的にその相互作用を構成してみることにする．

1)　紐の切断と接合による相互作用

紐の切断によって1本の紐が2本になる過程としてハドロンの相互作用を導

入することは紐の理論が提唱されたときから考えられており，その最も完成された形式はマンデルシュタムによって提出され[29]-c)，場の理論の形式にまで定式化したのは Kaku-Kikkawa [37] である．これらの理論は特別なゲージの選び方をして付加条件を消去したあとで定式化されているので時空が 26 次元であるという制約があるほかに，汎関数積分の処方で量子化を行うという量子化の手段にも強く依存しているために，これらの理論を詳説するためにはかなりの準備を必要とする．しかし，本質的なことは紐の切断(または接合)による vertex functional をどのように構成するかということであるので，以下では bi-local 場の場合と同じ方法でこの問題を考えてみることにする．

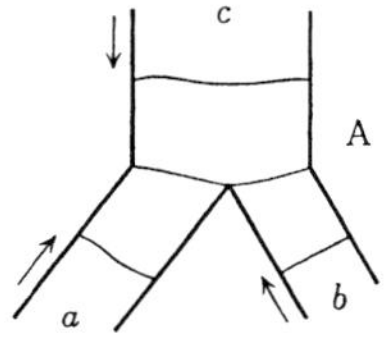

図 5.4

図 5.4 のように三つの紐 a, b, c が矢印の方向から入ってきて A のところで全部消えてしまうとして，このような vertex functional を $|V\rangle$ とあらわすことにする．a, b, c の紐の上の各点の位置をあらわす座標を $x_\mu^a, x_\mu^b, x_\mu^c$ ととるとパラメター σ の変域を

$$\begin{aligned} &x_\mu^c(\sigma) \qquad \sigma_0 < \sigma < \sigma_f \\ &x_\mu^a(\sigma) \qquad \sigma_0 < \sigma < \sigma_i \\ &x_\mu^b(\sigma) \qquad \sigma_i < \sigma < \sigma_f \end{aligned} \tag{5.1}$$

ととれば，$|V\rangle$ に対する条件は次のようになる．

$$\begin{aligned} &[x_\mu^a(\sigma)-x_\mu^c(\sigma)]|V\rangle = 0 \qquad (\sigma_0<\sigma<\sigma_i) \\ &[p_\mu^a(\sigma)+p_\mu^c(\sigma)]|V\rangle = 0 \\ &[x_\mu^b(\sigma)-x_\mu^c(\sigma)]|V\rangle = 0 \qquad (\sigma_i<\sigma<\sigma_f) \\ &[p_\mu^b(\sigma)+p_\mu^c(\sigma)]|V\rangle = 0 \end{aligned} \tag{5.2}$$

この条件は c が a と b にわかれる(または a と b が接合して c になる)過程を書きあらわしたものである．規準振動でこれをあらわせば(2.3)，(2.6)より

$$\left[x_\mu^a[n]-\sum_{n'=0}^{\infty}U(n,n')x_\mu^c[n]\right]|V\rangle=0$$

$$\left[p_\mu^a[n]+\sum_{n'=0}^{\infty}U(n,n')p_\mu^c[n]\right]|V\rangle=0$$

$$\left[x_\mu^b[n]-\sum_{n'=0}^{\infty}V(n,n')x_\mu^c[n']\right]|V\rangle=0$$

$$\left[p_\mu^b[n]+\sum_{n'=0}^{\infty}V(n,n')p_\mu^c[n']\right]|V\rangle=0 \qquad (5.3)$$

となる．ここで

$$U(0,0)=\sqrt{\frac{L_1}{L}}=\sqrt{\varepsilon_1}, \qquad U(n,0)=0 \qquad (n\geq 1)$$

$$U(0,n)=\sqrt{\frac{2}{\varepsilon_1}}\frac{1}{\pi n}\sin(\pi n\varepsilon_1) \qquad (n\geq 1)$$

$$U(n,n')=\frac{2}{\pi}\frac{(-1)^{n+1}}{\sqrt{\varepsilon_1}}\sin(\pi n'\varepsilon_1)\frac{n'}{\left(\frac{n}{\varepsilon_1}\right)^2-(n')^2} \qquad (n,n'>1) \qquad (5.4)$$

$$V(0,0)=\sqrt{\frac{L_2}{L}}=\sqrt{\varepsilon_2}, \qquad V(n,0)=0 \qquad (n\geq 1)$$

$$V(0,n)=\sqrt{\frac{2}{\varepsilon_2}}\frac{-1}{\pi n}\sin\pi n\varepsilon_1 \qquad (n\geq 1)$$

$$V(n,n')=\frac{2}{\pi}\frac{1}{\sqrt{\varepsilon_2}}\sin\pi n\varepsilon_1\frac{n'}{\left(\frac{n}{\varepsilon_2}\right)^2-(n')^2} \qquad (n,n\geq 1) \qquad (5.5)$$

ただし，$L=(\sigma_f-\sigma_0)$, $\quad L_1=(\sigma_i-\sigma_0)$, $\quad L_2=(\sigma_f-\sigma_i)$

$\varepsilon_1+\varepsilon_2=1$

である．これらは(2.6)の余弦関数の性質を用いれば容易に確かめられる．(2.6)の完全直交性を用いると

$$UU^\dagger=VV^\dagger=1$$
$$U^\dagger U+V^\dagger V=1$$
$$UV^\dagger=VU^\dagger=0 \qquad (5.6)$$

の関係が成り立つことが示される．

(5.3)の条件を$n=0$と$n\geq 1$にわけて書きなおすとわかりやすい．(5.3)の式はそのとき次のようになる．

$$\left[X^a-X^c-\sum_{n=1}^{\infty}\frac{1}{\sqrt{L_1}}U(0,n)x^c[n]\right]|V\rangle=0$$

$$\left[X^b-X^c-\sum_{n=1}^{\infty}\frac{1}{\sqrt{L_2}}V(0,n)x^c[n]\right]|V\rangle=0 \tag{5.7}$$

$$\left[P^a+\varepsilon_1P^c+\sum_{n=1}^{\infty}\sqrt{L_1}\,U(0,n)p^c[n]\right]|V\rangle=0$$

$$\left[P^b+\varepsilon_2P^c+\sum_{n=1}^{\infty}\sqrt{L_2}\,V(0,n)p^c[n]\right]|V\rangle=0 \tag{5.8}$$

$$\left[x^a[n]-\sum_{n'=1}^{\infty}U(n,n')x^c[n']\right]|V\rangle=0$$

$$\left[x^b[n]-\sum_{n'=1}^{\infty}V(n,n')x^c[n']\right]|V\rangle=0 \qquad (n\geq 1) \tag{5.9}$$

$$\left[p^a[n]+\sum_{n'=1}^{\infty}U(n,n')p^c[n']\right]|V\rangle=0$$

$$\left[p^b[n]+\sum_{n'=1}^{\infty}V(n,n')p^c[n']\right]|V\rangle=0 \qquad (n\geq 1) \tag{5.10}$$

(5.7)と(5.8)はさらに次のように変形できる.

$$(P^a+P^b+P^c)|V\rangle=0$$

$$(\varepsilon_1X^a+\varepsilon_2X^b-X^c)|V\rangle=0 \tag{5.11}$$

$$\left[X^a-X^b-\sum_{n=1}^{\infty}\frac{\sin\pi n\varepsilon_2}{\varepsilon_1\pi n\varepsilon_2}\sqrt{\frac{2}{L}}x^c[n]\right]|V\rangle=0$$

$$\left[\varepsilon_2P^a-\varepsilon_1P^b+\sum_{n=1}^{\infty}\frac{\sin\pi n\varepsilon_1}{\pi n}\sqrt{2L}\,p^c[n]\right]|V\rangle=0 \tag{5.12}$$

(5.11)はエネルギー・運動量の保存と，a と b の紐の重心が c の紐の重心に一致していることを示している．また，(5.12)は $|V\rangle$ を

$$|V\rangle=R_0{}^{-1}|V_1\rangle \tag{5.13}$$

$$R_0=\exp\left[i(\varepsilon_2P^a-\varepsilon_1P^b)\frac{1}{\varepsilon_1}\sum_{n=1}^{\infty}\frac{\sin\pi n\varepsilon_1}{\pi n\varepsilon_2}\sqrt{\frac{2}{L}}x^c[n]\right] \tag{5.14}$$

と変換すると簡単になる．すなわち，(5.13)の $|V_1\rangle$ に対しては(5.9), (5.10), (5.11)はそのまま成り立ち，(5.12)より

$$[X^a-X^b]|V_1\rangle=0$$

$$\sum_{n=1}^{\infty}\frac{\sin\pi n\varepsilon_1}{\pi n}p^c[n]|V_1\rangle=0 \quad \text{または} \quad \sum_{n=0}V(0,n)p^c[n]|V_1\rangle=0 \tag{5.15}$$

を得る．こうして $n=0$ と $n\geq 1$ は完全に分離される．

ここで $\varepsilon_2\to 0$ $(\varepsilon_1\to 1)$ の極限を考えると (5.9), (5.10), (5.15) は次のようにおきかえてよい．

$$
\begin{aligned}
(p^a[n]+p^c[n])|V_1\rangle &= 0\\
(x^a_\mu[n]-x^c_\mu[n])|V_1\rangle &= 0\\
p^b_\mu[n]|V_1\rangle &= 0
\end{aligned}
\tag{5.16}
$$

これをみたす $|V_1\rangle$ は次のようにあたえられる．

$$
\begin{aligned}
|V_1\rangle &= \exp\left[\frac{-1}{2}\sum_{n=1}^{\infty}b^\dagger(n)b^\dagger(n)-\sum_{n=1}^{\infty}a^\dagger(n)c^\dagger(n)\right]|O_{abc}\rangle\\
a|O_{abc}\rangle &= b|O_{abc}\rangle = c|O_{abc}\rangle = 0
\end{aligned}
\tag{5.17}
$$

ここで $a_\mu(n), b_\mu(n), c_\mu(n)$ は各紐 a, b, c の励起子演算子である．(5.14) で与えられている演算子 R を励起子の生成・消滅演算子で書いて，normal ordering を行い，その際生ずる無限大の因子を無視すれば，(5.17) の $|V_1\rangle$ より vertex functional $|V\rangle$ は

$$
\begin{aligned}
|V\rangle = g_0\delta^4(P^a+P^b+P^c)\exp\left[\frac{i}{\sqrt{\pi\kappa_0}}P^b_\mu\sum_{n=1}^{\infty}\frac{(-1)^n}{\sqrt{n}}(c^{\dagger\mu}(n)+a^{\dagger\mu}(n))\right]\times\\
\times\exp\left[-\frac{1}{2}\sum_{n=1}^{\infty}b^\dagger_\mu(n)b^{\dagger\mu}(n)-\sum_{n=1}^{\infty}a^\dagger_\mu(n)c^{\dagger\mu}(n)\right]|O_{abc}\rangle
\end{aligned}
\tag{5.18}
$$

となる．

この vertex を用い，(3.19) で与えられる伝播関数を用いることにより散乱振幅を求めることは容易である．その計算は特にむつかしいことは生じないので詳細ははぶくが，結果は次のようになる．図 5.5, a, b, c に対する散乱振幅をそれぞれ A_a, A_b, A_c とすると

$$
A_a \propto \frac{1}{\sin \pi\alpha(s)}\int_C dz\,(-z)^{-\alpha(s)-1}(1-z)^{-\alpha(t)-1} \tag{5.19}
$$

$$
A_b \propto \frac{1}{\sin \pi\alpha(s)}\int_C dz\,(-z)^{-\alpha(s)-1}(1+z)^{-\alpha(n)-1} \tag{5.20}
$$

$$
A_c \propto \frac{1}{\sin \pi\alpha(s)}\int_C dz\,(-z)^{-\alpha(s)-1}\prod_{n=1}^{\infty}\left(\frac{1}{1-z^{2n}}\right)^4 \tag{5.21}
$$

ここで $m_0{}^2=-2\pi\kappa_0$（タキオン）とし $\alpha(s)=(s-m_0)/2\pi\kappa_0$ とした．この散乱振幅で

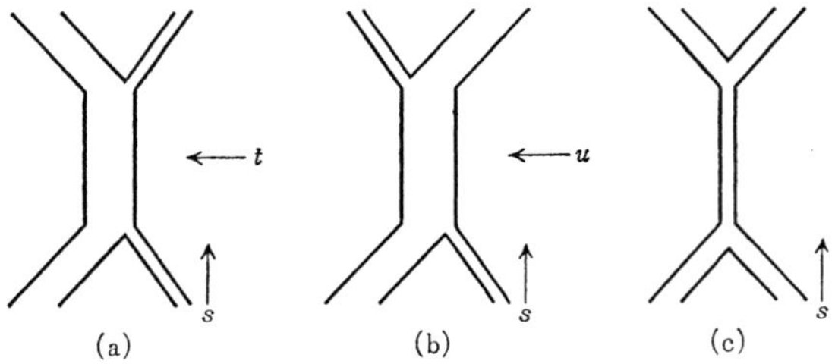

図 5.5

(5.19) と (5.20) は外場の中の紐の散乱の場合と同じ表式を与えている．(5.21) は外場の中の散乱では生じなかったものである．

2) 対称な相互作用 I

紐の切断によって生ずる相互作用は三つの紐 a, b, c について対称でない．また切断がどこで生ずるかに不定性がある．これらの不定性を除くために $\varepsilon_2 \to 0$ の極限をとったがその結果無限大の因子があらわれ，それを捨て去った．その結果，外場の中の紐の散乱と同じ散乱振幅を得ることができた．

ここではより対称性のたかい相互作用を想定してみよう．まず中間子の間の相互作用を考える．中間子はクォーク q と反クォーク $\bar{q}$ が紐でむすばれていて，q と $\bar{q}$ が図 5.6 のように接することによって生ずるものとする．このとき紐は運動量をもたず，q と $\bar{q}$ の所に系の運動量が集中して，a, b, c の三つの中間子の間に交換されるものと考えよう．このようなイメージは次のような条件を vertex functional $|V\rangle$ につけることになる．

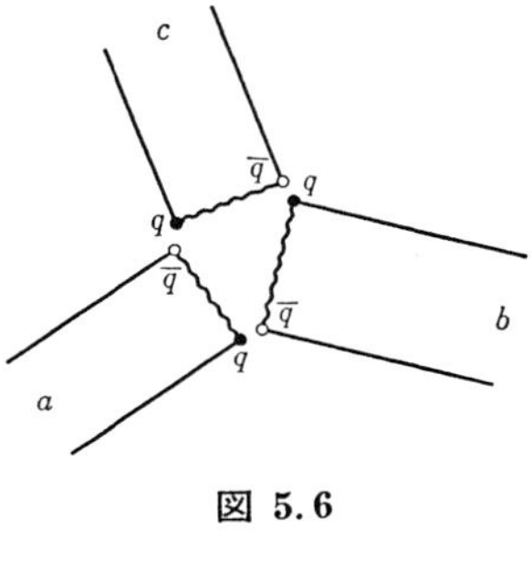

図 5.6

$$
\begin{aligned}
&p_\mu^a(\sigma)|V\rangle = 0 \qquad (\delta<\sigma<L-\delta)\\
&p_\mu^b(\sigma)|V\rangle = 0 \qquad (\delta<\sigma<L-\delta)\\
&p_\mu^c(\sigma)|V\rangle = 0 \qquad (\delta<\sigma<L-\delta)
\end{aligned} \tag{5.22}
$$

$$
\begin{aligned}
&[\bar{x}_\mu^a(0)-\bar{x}_\mu^b(L)]|V\rangle = 0, \qquad [\bar{p}_\mu^a(0)+\bar{p}_\mu^b(L)]|V\rangle = 0\\
&[\bar{x}_\mu^b(0)-\bar{x}_\mu^c(L)]|V\rangle = 0, \qquad [\bar{p}_\mu^b(0)+\bar{p}_\mu^c(L)]|V\rangle = 0\\
&[\bar{x}^c(0)-\bar{x}^a(L)]|V\rangle = 0, \qquad [\bar{p}_\mu^c(0)+\bar{p}_\mu^a(L)]|V\rangle = 0
\end{aligned} \tag{5.23}
$$

ここで一点をぬきだすのは問題を不定にするので

$$
\begin{aligned}
&\bar{x}_\mu(0) = \frac{1}{\delta}\int_0^\delta d\sigma\, x_\mu(\sigma), \qquad \bar{x}_\mu(L) = \frac{1}{\delta}\int_{L-\delta}^L d\sigma\, x_\mu(\sigma)\\
&\bar{p}_\mu(0) = \int_0^\delta d\sigma\, p_\mu(\sigma), \qquad \bar{p}_\mu(L) = \int_{L-\delta}^L d\sigma\, p_\mu(\sigma)
\end{aligned} \tag{5.24}
$$

と両端の微小領域の重心座標と全運動量を用いることにし，最後に $\delta\to 0$ の極限をとることにする．こうすると

$$
\begin{aligned}
&\bar{x}_\mu(0) = X_\mu + \sum_{n=1}^\infty \sqrt{\frac{2}{L}}\frac{\sin \pi n\varepsilon}{\pi n\varepsilon}x_\mu[n]\\
&\bar{x}_\mu(L) = X_\mu + \sum_{n=1}^\infty \sqrt{\frac{2}{L}}(-1)^n\frac{\sin \pi n\varepsilon}{\pi n\varepsilon}x_\mu[n]\\
&\bar{p}_\mu(0) = \varepsilon P_\mu + \varepsilon\sum_{n=1}^\infty \sqrt{2L}\frac{\sin \pi n\varepsilon}{\pi n\varepsilon}p_\mu[n]\\
&\bar{p}_\mu(L) = \varepsilon P_\mu + \varepsilon\sum_{n=1}^\infty \sqrt{2L}(-1)^n\frac{\sin \pi n\varepsilon}{\pi n\varepsilon}p_\mu[n]\\
&\qquad \varepsilon = \frac{\delta}{L} \ll 1
\end{aligned} \tag{5.25}
$$

のようになる．(5.22)の条件から

$$
\int_\delta^{L-\delta} d\sigma\, p_\mu^a(\sigma)|V\rangle = 0 \tag{5.26}
$$

などが成り立つが，

$$
\begin{aligned}
\int_\delta^{L-\delta} d\sigma\, p_\mu(\sigma) &= \int_0^L d\sigma\, p_\mu(\sigma) - \int_0^\delta d\sigma\, p_\mu(\sigma) - \int_\delta^L d\sigma\, p_\mu(\sigma)\\
&= (1-2\varepsilon)P_\mu - 2\varepsilon\sum_{n=1}^\infty \sqrt{2L}[1+(-1)^n]\frac{\sin \pi n\varepsilon}{\pi n\varepsilon}p_\mu[n]
\end{aligned} \tag{5.27}
$$

であるから(5. 26)の条件から P_μ を消しさるために次の変換を行う．すなわち

$$U=\exp\left[-i\frac{P_\mu}{\sqrt{2L}}\sum_{n=1}^{\infty}g(n)x_\mu[n]\right] \tag{5. 28}$$

$$g(n)=\frac{1}{2}[1+(-1)^n]\frac{\sin\pi n\varepsilon}{\pi n\varepsilon} \tag{5. 29}$$

とおくと

$$\bar{\pi}_\mu^{(0)}(\delta)=U\int_\sigma^{L-\delta}d\sigma\, p_\mu(\sigma)U^{-1}=-4\sqrt{2L}\,\varepsilon\sum_{n=1}^{\infty}g(n)p_\mu[n] \tag{5. 30}$$

となるので，この変換を(5. 22), (5. 23)の条件にほどこすことにする．変換 U をほどこすと

$$Up_\mu(\sigma)U^{-1}=\sum_{n=1}^{\infty}\sqrt{\frac{2}{L}}\cos\frac{\pi n\sigma}{L}p_\mu[n] \qquad (\delta<\sigma<L-\delta) \tag{5. 31}$$

となり，$p_\mu(\sigma)$ $(\delta<\sigma<L-\delta)$ の中から P_μ を消すことができる．また

$$U\bar{x}_\mu(0)U^{-1}=X_\mu+\frac{1}{2}\bar{X}_\mu, \qquad U\bar{x}_\mu(L)U^{-1}=X_\mu-\frac{1}{2}\bar{X}_\mu \tag{5. 32}$$

$$U\bar{p}_\mu(0)U^{-1}=\frac{1}{2}P_\mu+\bar{P}_\mu-\frac{1}{2}\bar{\pi}_\mu^{(0)}(\delta)$$

$$U\bar{p}_\mu(L)U^{-1}=\frac{1}{2}P_\mu-\bar{P}_\mu-\frac{1}{2}\bar{\pi}_\mu^{(0)}(\delta) \tag{5. 33}$$

$$\bar{X}_\mu=2\sum_{n=1}^{\infty}\sqrt{\frac{1}{L}}h(n)x_\mu[n]$$

$$\bar{P}_\mu=2\varepsilon\sum_{n=1}^{\infty}\sqrt{\frac{1}{L}}h(n)p_\mu[n]$$

$$h(n)=\frac{1}{2}(1-(-1)^n)\frac{\sin\pi n\varepsilon}{\pi n\varepsilon} \tag{5. 34}$$

となり，

$$[\bar{P}_\mu, \bar{X}_\nu]=-ig_{\mu\nu} \tag{5. 35}$$

が成り立つ．ここで次の級数の和の性質を用いた．

$$\sum_{n=1}^{\infty}h^2(n)=\frac{1}{4\varepsilon}, \qquad \sum_{n=1}^{\infty}g(n)^2=-\frac{1}{2}+\frac{1}{4\varepsilon} \tag{5. 36}$$

したがって

$$|V\rangle=U_a\cdot U_b\cdot U_c|V_0\rangle \tag{5. 37}$$

とおくと(5.22), (5.23)の条件は

$$\sum_{n=1}^{\infty}\sqrt{\frac{2}{L}}\cos\pi n\sigma p_\mu^a[n]|V_0\rangle=0 \qquad \delta<\sigma<L-\delta$$

$$(a, b, c \text{ の各に対して成り立つ}) \tag{5.38}$$

$$\left[X_\mu^a-X_\mu^b+\frac{1}{2}(\bar{X}_\mu^a+\bar{X}_\mu^b)\right]|V_0\rangle=0$$

$$\left[\frac{1}{2}(P_\mu^a+P_\mu^b)+(\bar{P}_\mu^a-\bar{P}_\mu^b)\right]|V_0\rangle=0$$

$$(a, b, c \text{ を cyclic に入れかえて成り立つ}) \tag{5.39}$$

となる．ここで a, b, c の代りに次の変数を用いる．

$$X^a=\frac{1}{\sqrt{2}}X^{(1)}+\frac{1}{\sqrt{6}}X^{(2)}+\frac{1}{\sqrt{3}}X^{(3)}, \qquad X^{(1)}=\frac{1}{\sqrt{2}}(X^a-X^b)$$

$$X^b=\frac{-1}{\sqrt{2}}X^{(1)}+\frac{1}{\sqrt{6}}X^{(2)}+\frac{1}{\sqrt{3}}X^{(3)}, \qquad X^{(2)}=\frac{1}{\sqrt{6}}(X^a+X^b-2X^c)$$

$$X^c=\qquad -\frac{2}{\sqrt{6}}X^{(2)}+\frac{1}{\sqrt{3}}X^{(3)}, \qquad X^{(3)}=\frac{1}{\sqrt{3}}(X^a+X^b+X^c)$$

$$\tag{5.40}$$

$x_\mu[n]$, $\bar{X}$ およびそれらの正準運動量に対しても同様に定義する．これを用いると(5.39)は

$$\left[X_\mu^{(1)}+\frac{1}{2}\frac{1}{\sqrt{3}}\bar{X}_\mu^{(2)}\right]|V_0\rangle=0, \qquad \left[X_\mu^{(2)}-\frac{1}{\sqrt{2}}\frac{1}{\sqrt{3}}\bar{X}_\mu^{(1)}\right]|V_0\rangle=0$$

$$[P_\mu^{(2)}+2\sqrt{3}\bar{P}_\mu^{(1)}]|V_0\rangle=0, \qquad [P_\mu^{(1)}-2\sqrt{3}\bar{P}_\mu^{(2)}]|V_0\rangle=0$$

$$P^{(3)}|V_0\rangle=0, \qquad \bar{X}^{(3)}|V_0\rangle=0 \tag{5.41}$$

となる．ここで

$$W=\exp\left[\frac{i}{\sqrt{12}}(P_\mu^{(2)}\bar{X}^{(1)\mu}-P_\mu^{(1)}\bar{X}^{(2)\mu})\right] \tag{5.42}$$

とすると，(5.41)は

$$X^{(k)}W|V_0\rangle=0, \qquad \bar{P}^{(k)}W|V_0\rangle=0 \qquad (k=1,2)$$

$$P^{(3)}W|V_0\rangle=0, \qquad \bar{X}^{(3)}W|V_0\rangle=0 \tag{5.43}$$

となり，(5.38)はそのまま

$$\sum_{n=1}^{\infty}\cos\frac{\pi n\sigma}{L}p_\mu^{(k)}[n]W|V_0\rangle=0 \qquad (k=1,2,3) \quad (\delta<\sigma<L-\delta) \tag{5.44}$$

となる．$\delta\to 0$ の極限を考えると(5.44)は

$$p_\mu^{(k)}[n]W|V_0\rangle=0 \qquad (k=1,2,3)$$

としてよいように思われるが，$k=3$ の場合には(5.43)の

$$\bar{X}^{(3)}\bar{W}|V_0\rangle=0$$

の条件があるので少し工夫をしておかねばならない．そこで

$$\pi_\mu^{(3)}[n]=p_\mu^{(3)}[n]-\frac{2}{\sqrt{L}}h(n)\bar{P}_\mu \tag{5.45}$$

とすると

$$\sum_{n=1}^{\infty}\pi_\mu^{(3)}[n]h(n)=0 \tag{5.46}$$

であり，$\pi_\mu^{(3)}[n]$ と $\bar{X}_\mu^{(3)}$ は可換であるから $p_\mu^{(3)}[n]W|V_0\rangle=0$ の代りに

$$\pi_\mu^{(3)}[n]W|V_0\rangle=0$$

とおくことにする．すなわち

$$\begin{aligned}
&p_\mu^{(k)}[n]W|V_0\rangle=0 \qquad (k=1,2)\\
&\pi_\mu^{(3)}[n]W|V_0\rangle=0\\
&\bar{X}^{(3)}W|V_0\rangle=0\\
&X^{(k)}W|V_0\rangle=0 \qquad (k=1,2)\\
&P^{(3)}W|V_0\rangle=0
\end{aligned} \tag{5.47}$$

となる．このようにして vertex functional を決定する簡単な方程式が得られるので $|V_0\rangle$ を求めることはさして困難ではない．しかし，$\delta\to 0$ の極限をとっていることから発散する因子があらわれる．また，それを用いて散乱振幅を計算することもできるが，その結果は必ずしも満足すべき結果をあたえないので，これ以上の議論は文献[38]にゆずることにしよう．しかし，対称な相互作用であるので交叉対称性は成り立つようにみえることを注意しておく．

3) 対称な相互作用 II

今図5.7のように a, b, c 3本の紐を考える．紐 a の $\varepsilon<\sigma<1$ の部分と紐 b の $\varepsilon>\sigma>0$ の部分の運動量が互にぶつかり合って消滅するとしよう．同様に b の $\varepsilon<\sigma<1$ と c の $\varepsilon>\sigma>0$ が，また c の $\varepsilon<\sigma<1$ の部分と a の $\varepsilon>\sigma>0$ の部分が運動量を消滅し合うとする．これらの条件を vertex functional $|V\rangle$ についておくと次のようになる．

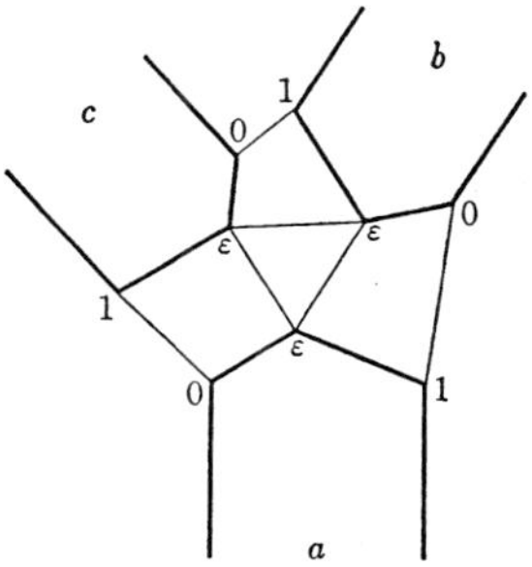

図 5.7

$$\left[p_\mu^a(\sigma)+p_\mu^c\left(1-\frac{1-\varepsilon}{\varepsilon}\sigma\right)\right]|V\rangle=0 \qquad (0<\sigma<\varepsilon)$$

$$\left[p_\mu^b(\sigma)+p_\mu^a\left(1-\frac{1-\varepsilon}{\varepsilon}\sigma\right)\right]|V\rangle=0$$

$$\left[p_\mu^c(\sigma)+p_\mu^a\left(1-\frac{1-\varepsilon}{\varepsilon}\sigma\right)\right]|V\rangle=0 \tag{5.48}$$

この条件と矛盾しないようにさらに次のような条件をおくと $|V\rangle$ を完全に定めることができる.

$$\left[x_\mu^a(\sigma)-\frac{\varepsilon}{1-\varepsilon}x_\mu^c\left(1-\frac{1-\varepsilon}{\varepsilon}\sigma\right)\right]|V\rangle=0 \qquad (0<\sigma<\varepsilon)$$

$$\left[x_\mu^b(\sigma)-\frac{\varepsilon}{1-\varepsilon}x_\mu^a\left(1-\frac{1-\varepsilon}{\varepsilon}\sigma\right)\right]|V\rangle=0$$

$$\left[x_\mu^c(\sigma)-\frac{\varepsilon}{1-\varepsilon}x_\mu^b\left(1-\frac{1-\varepsilon}{\varepsilon}\sigma\right)\right]|V\rangle=0 \tag{5.49}$$

ここで $\varepsilon=\dfrac{1}{2}$ の場合は a, b, c の紐の半分が (ab), (bc), (ca) と重なり合って相互作用をひきおこす場合に対応している. (5.48), (5.49) は $|V\rangle$ を完全にきめてくれる条件であり, これを用いて $|V\rangle$ を求めることができるが, それを用いて散乱振幅を計算するのは一般には容易ではない. $\varepsilon\to 0$ の極限と $\varepsilon\to\dfrac{1}{2}$ の二つが興味ある場合であるが, これらの場合についてのくわしい検討はされていない.

§5.6 差分方程式と紐の理論

双対共鳴理論の演算子法の模型的解釈として紐の理論が成立したが, その理由は可算無限個の励起子演算子が一次元的拡がりをもつ連続体の振動の演算子に対応づけられることであった．一次元的拡がりは紐の理論では空間的な拡がりを意味する．しかし，拡がりは必ずしも空間的である必要はなく，時間的であっても結果として双対共鳴理論に導くことができる．時間的拡がりとは，運動法則が微分的ではなく差分的になっていることを意味する．

いま，質点の四元速度を v_μ とする．自由粒子の運動法則は

$$v^\mu(\tau) = v^\mu(\tau+d\tau) \qquad (d\tau \text{ は無限小}) \tag{6.1}$$

であるが，これを次のように拡張しよう．

$$v^\mu(\tau) = v^\mu(\tau+\Delta\tau) \qquad (\Delta\tau：\text{有限}) \tag{6.2}$$

これは，ある有限の時間 $\Delta\tau$ の後には速度はもとの値になるが，それより短い時間ではどうなっているかは全くわからない．このような差分型の方程式は高階微分を含む法則の極限として次のような無限高階微分の型で取扱うことができる．すなわち

$$\exp\left[\Delta\tau\frac{d}{d\tau}\right]v^\mu(\tau) = v^\mu(\tau) \tag{6.3}$$

高階微分の方程式を導くラグランジュ関数は新しい座標を導入して1階微分を含む多自由度の系のラグランジュ関数に書きなおすことから，無限高階微分を含む系は，可算無限個の自由度をもつ力学系と同じになることは期待できる．

まず，自由粒子のラグランジュ関数を

$$L = -\frac{mc}{2}[Dx^\mu Dx_\mu+1], \qquad D\equiv\frac{d}{d\tau} \tag{6.4}$$

とし，これを一般化することにより，高階微分の系のラグランジュ関数を次のようにとろう．

$$L = -\frac{mc}{2}[Dx^\mu f(\lambda D)Dx_\mu+1] \tag{6.5}$$

ここで λ は定数であり $\lambda\to 0$ で $f(\lambda D)\to 1$ になり(6.4)にもどるようなものを一般に考えることができる．ここでは簡単に意味づけできるので

$$f(z) = \frac{\sinh \pi z}{z} = \prod_{n=1}^{\infty}\left[1+\left(\frac{z}{n}\right)^2\right] \tag{6.6}$$

をとることにしよう．こうすれば作用積分は

$$S_\lambda = \int_{\tau_0}^{\tau_1} d\tau\, L = -\frac{mc}{2}\int_{\tau_0}^{\tau_1} d\tau\,[Dx^\mu f_1(\lambda D)Dx_\mu + 1]$$
$$= \lim_{N\to\infty}\left(-\frac{mc}{2}\right)\int_{\tau_0}^{\tau_1} d\tau\left[Dx^\mu \prod_{n=1}^{N}\left[1+\left(\frac{\lambda D}{n}\right)^2\right]Dx_\mu + 1\right] \tag{6.7}$$

となり，変分原理を用いると次の運動方程式を得ることは容易である.

$$f_1(\lambda D)D^2x^\mu = 0 \quad \text{または} \quad \varDelta_\lambda Dx^\mu = 0 \tag{6.8}$$

$$\varDelta_\lambda = \frac{1}{2\pi\lambda}[e^{\pi\lambda D} - e^{-\pi\lambda D}] \tag{6.9}$$

すなわち，(6.8)は

$$v^\mu(\tau+\pi\lambda) - v^\mu(\tau-\pi\lambda) = 0, \qquad v^\mu = Dx^\mu \tag{6.10}$$

となり，単純な差分法則を与える．あとでわかるように，これは完全には紐の理論を再現しないが，簡単のためにこのまま議論をすすめることにする．紐の理論を再現するためには(6.6)の代りに

$$\tilde{f}(z) = \frac{\tanh \pi z}{\pi z} \tag{6.11}$$

を用いればよいが，これは文献[39]をみてもらうことにしよう.

無限高階微分の代りに，無限個の自由度を導入して，通常の力学系になおすために(6.6)の $f(z)$ の次の性質を利用しよう.

$$\frac{1}{f(z)} = \frac{\pi z}{\sinh \pi z} = 1 + 2z^2 \sum_{n=1}^{\infty} \frac{(-1)^n}{z^2+n^2} \tag{6.12}$$

これから

$$1 = \left[1 + 2\sum_{n=1}^{\infty}(-1)^n \frac{(\lambda D/n)^2}{1+(\lambda D/n)^2}\right] f(\lambda D) \tag{6.13}$$

が成り立つことはあきらかである．したがってこれに x^μ をかけて

$$x^\mu(\tau) = X^\mu(\tau) + 2\sum_{n=1}^{\infty}(-1)^n x_n^\mu(\tau) \tag{6.14}$$

$$X^\mu = f(\lambda D)x^\mu$$

$$x_n^\mu = \frac{(\lambda D/n)^2}{1+(\lambda D/n)^2} f(\lambda D)x^\mu \tag{6.15}$$

とすると，X^μ, x_n^μ は

$$D^2X^\mu = 0, \qquad [D^2+(n/\lambda)^2]x_n^\mu = 0 \tag{6.16}$$

の方程式に従い，ラグランジュ関数は全微分を除いて

$$L = -\frac{mc}{2}\left[(DX^\mu)(DX_\mu)+2\sum_{n=1}^{\infty}(-1)^n\left\{(Dx_n^\mu)(Dx_{n,\mu})-\left(\frac{n}{\lambda}\right)^2 x_n^\mu x_{n\mu}\right\}+1\right] \tag{6.17}$$

となる．

(6.17)より正準形式にうつると正準運動量は

$$P_\mu = -\frac{\partial L}{\partial(DX^\mu)} = mcDX_\mu$$

$$p_{n,\mu} = -\frac{\partial L}{\partial Dx_n^\mu} = 2mc(-1)^n Dx_{n,\mu} \tag{6.18}$$

となり，ハミルトン関数は

$$H = \frac{-1}{2mc}\left[P^2+\frac{1}{2}\sum_{n=1}^{\infty}(-1)^n\left\{p_n{}^2+\left(\frac{2mcn}{\lambda}\right)^2 x_n{}^2\right\}-(mc)^2\right] \tag{6.19}$$

となる．(6.18)の定義より，正準交換関係を

$$[P_\mu, X_\nu] = ig_{\mu\nu}, \qquad [P_\mu, x_{n,\nu}] = [X_\mu, p_{n,\nu}] = 0$$

$$[p_{n,\mu}, x_{m,\nu}] = ig_{\mu\nu}\delta_{n,m} \tag{6.20}$$

ととり

$$x_n^\mu = (-1)^n\frac{1}{2}\left(\frac{\lambda}{mcn}\right)[a_n^\mu+a_n^{\mu\dagger}]$$

$$p_n^\mu = -i\left(\frac{mcn}{\lambda}\right)[a_n^\mu-a_n^{\mu\dagger}] \tag{6.21}$$

ととると(6.19)は

$$H = -\frac{1}{2mc}\left[P^2+\left(\frac{mc}{\lambda}\right)\sum_{n=1}^{\infty}(-1)^n(a_n\cdot a_n^\dagger+a_n^\dagger\cdot a_n)-(mc)^2\right] \tag{6.22}$$

$$[a_{n\mu}, a_{m,\nu}^\dagger] = -(-1)^n\delta_{n,m}g_{\mu\nu} \tag{6.23}$$

となる．ここで $a_{n,\mu}$ を励起子を消す演算子として

$$a_{n,\mu}|0\rangle = 0 \tag{6.24}$$

で基底状態を定義すると一般に n が偶数のときに時間成分が負ノルムの状態になり，n が奇数のときは空間成分が負ノルムの状態になる．このことを除けば

(6.22)のハミルトン関数は紐の理論の H と同じである.

一般に $x_\mu(\tau)$ は(6.22)の H を用いて

$$x_\mu(\tau) = e^{iH\tau} x_\mu(0) e^{-iH\tau}$$
$$p_\mu(\tau) = e^{iH\tau} x_\mu(0) e^{-iH\tau} \tag{6.25}$$

となり,

$$[p_\mu(\tau), p_\nu(\tau')] = -ig_{\mu\nu}\left(\frac{2mc}{\lambda}\right)\sum_{n=1}^{\infty}(-1)^{n-1} n \sin\left\{\frac{n}{\lambda}(\tau-\tau')\right\}$$
$$= -ig_{\mu\nu}\left(\frac{2mc\pi}{\lambda}\right)\sum_{n=-\infty}^{\infty}\delta'\left[\frac{\tau-\tau'}{\lambda}-(2n+1)\pi\right]$$
$$[x_\mu(\tau), p_\nu(\tau')] = -(2\pi i)g_{\mu\nu}\sum_{n=-\infty}^{+\infty}\delta\left[\frac{\tau-\tau'}{\lambda}-(2n+1)\pi\right]$$
$$[x_\mu(\tau), x_\nu(\tau')] = ig_{\mu\nu}\left\{\frac{1}{mc}(\tau-\tau')+\frac{2\lambda}{mc}\sum_{n=1}^{\infty}\frac{(-1)^n}{n}\sin\left[\frac{n}{\lambda}(\tau-\tau')\right]\right\} \tag{6.26}$$

のような交換関係を示すことはむつかしくない.

この模型では, 紐の理論の補助条件を導くには τ に関する平均をとる必要があるが, これはつぎのラモント (Ramond) やネヴュー・シュヴァルツ (Neveu-Schwarz) の模型を論ずる際に考えることにしよう. ここで論じた模型は双対振幅を与えることができない. しかし, (6.11)の $\tilde{f}$ を用いれば紐の理論と同じ結果を与えるようにすることは容易である [39].

§5.7　ラモントの模型[40]

前節の差分型理論の立場をとったとして, そのときに得られるハミルトン関数を

$$H = \sum_{n=0}^{\infty}\frac{1}{2}[p_\mu(n)p^\mu(n)+n^2 x_\mu(n)x^\mu(n)] \tag{7.1}$$

としよう. ここで, 前節の λ と m を適当にえらんで定数を簡単にして計算の便宜をはかったものとする. このようにすれば, 運動量と位置は任意の τ で

$$\frac{1}{\sqrt{2}}p_\mu(\tau) = e^{iH\tau}\left[P_\mu+\sum_{n=1}^{\infty}p_\mu(n)\right]e^{-iH\tau}$$
$$\sqrt{2}\,x_\mu(\tau) = e^{iH}\left[X_\mu+\sum_{n=1}^{\infty}x_\mu(n)\right]e^{-iH\tau} \tag{7.2}$$

と与えられる.

$$p_\mu[n]=-i\sqrt{\frac{n}{2}}\,[a_\mu(n)-a^\dagger_\mu(n)],\qquad x_\mu[n]=\sqrt{\frac{1}{2n}}[a_\mu(n)+a^\dagger_\mu(n)] \tag{7. 3}$$

として,

$$p_\mu(\tau)=\sqrt{2}P_\mu-i\sum_{n=1}^{\infty}\sqrt{n}\,[a_\mu[n]e^{-in\tau}-a^\dagger_\mu[n]e^{in\tau}] \tag{7. 4}$$

となるので τ を $(-\pi, +\pi)$ で平均して考えることにする. 任意の量 $A(\tau)$ の平均を

$$\langle A(\tau)\rangle=\frac{1}{2\pi}\int_{-\pi}^{+\pi}d\tau\ A(\tau) \tag{7. 5}$$

とすると

$$\frac{1}{\sqrt{2}}\langle p_\mu(\tau)\rangle=P_\mu$$

であり

$$\frac{1}{2}\langle :p_\mu{}^2(\tau):\rangle-m^2=P_\mu{}^2+\sum_{n=1}^{\infty}n^2a^\dagger_\mu(n)a(n)^\mu-m^2 \tag{7. 6}$$

となるので, 波動方程式はこれをゼロとおくことに対応する.
さらに

$$\langle e^{in\tau}:p_\mu(\tau)p^\mu(\tau):\rangle|\Phi\rangle=0 \tag{7. 7}$$

はちょうど紐の理論の補助条件

$$\Big[i\sqrt{2n}P_\mu a[n]^\mu-\sum_{m=1}^{\infty}\sqrt{m(m+n)}a_\mu(m)^\dagger a(m+n)^\mu$$
$$+\sum_{m=1}^{n-1}\sqrt{m(n-m)}a_\mu(m)a(n-m)^\mu\Big]|\Phi\rangle=0 \tag{7. 8}$$

を与えることを確かめることができる. このことは任意の τ におけるエネルギー運動量の関係

$$p_\mu(\tau)p^\mu(\tau)-m^2=0 \tag{7. 9}$$

の代りに, 任意の時刻を出発点として1周期の平均としてこの関係を要求することにほかならない. すなわち

$$\langle e^{in\tau}[:p_\mu(\tau)p^\mu(\tau):-m^2]\rangle|\Phi\rangle=0 \tag{7. 10}$$

を要求する．ラモントのこの考えは差分型の質点の運動の立場からすればきわめて自然な要求のようにおもわれる．

ラモントはこれをクライン・ゴルドンの方程式からの拡張と考え，同じ考えをディラックの方程式に応用して興味深い方程式を得ている．まず一般化された行列 $\Gamma_\mu(\tau)$ を次のように定めよう．

$$\Gamma_\mu(\tau) = \gamma_\mu + i\sqrt{2}\gamma_5 \sum_{n=1}^{\infty}[b_\mu(n)^\dagger e^{in\tau} + b_\mu(n)e^{-in\tau}]$$

$$\{b_\mu(n), b_\nu(n)^\dagger\} = -g_{\mu\nu}\delta_{n,m}$$

$$\gamma_\mu \text{ はディラック行列，} \quad \{\gamma_\mu\gamma_\nu\} = 2g_{\mu\nu} \tag{7.11}$$

このように選ぶと

$$\{\Gamma_\mu(\tau), \Gamma_\nu(\tau')\} = 4\pi g_{\mu\nu}\delta(\tau-\tau') \tag{7.12}$$

となり，$x_\mu(\tau)$ と $p_\mu(\tau)$ の交換関係と同じようになる．また

$$\langle \Gamma_\mu(\tau)\rangle = \gamma_\mu \tag{7.13}$$

である．そこでディラック方程式

$$(\gamma_\mu p^\mu - m)\psi = 0$$

の類推で

$$\left\langle \frac{1}{\sqrt{2}}\Gamma_\mu(\tau)p^\mu(\tau) - m\right\rangle \Psi = 0 \tag{7.14}$$

とおくとこれは

$$\left\{\gamma_\mu P^\mu - m - \gamma_5 \sum_{n=1}^{\infty}\sqrt{n}[a_\mu(n)^\dagger b^\mu(n) - a_\mu(n)b(n)^{\mu\dagger}]\right\}\Psi = 0 \tag{7.15}$$

となる．これから

$$\left[\frac{1}{2}\langle \Gamma_\mu p^\mu\rangle \langle \Gamma_\nu p^\nu\rangle - m^2\right]\Psi = 0 \tag{7.16}$$

は容易に計算できて，やや長い計算の結果は

$$\left[P^2 - m^2 + \sum_{n=1}^{\infty} n(a_\mu^\dagger(n)a^\mu(n) + b_\mu^\dagger(n)b^\mu(n))\right]\Psi = 0 \tag{7.17}$$

となるので，本質的には(7.6)や紐の理論と同じ質量スペクトルを与えることがわかる．さらにこれを(7.7)のように拡張して

$$F_n\Psi=\frac{1}{\sqrt{2}}\langle e^{in\tau}[\Gamma_\mu(\tau)P^\mu(\tau)-m]\rangle\Psi=0 \tag{7.18}$$

とすれば

$$F_n=\sum_{m=1}^{\infty}\sqrt{m}[a_\mu(m)b^\dagger(m-n)^\mu-a_\mu^\dagger(m)b^\mu(m+n)]$$
$$+i\sqrt{2}\gamma_5p_\mu b^\mu(n)-i\sqrt{\frac{n}{2}}\gamma_\mu a^\mu(n) \tag{7.19}$$

となり

$$\{F_m,F_n\}=-2L_{m+n}-\frac{4}{2}\left(m^2-\frac{1}{4}\right)\delta_{m+n,0} \tag{7.20}$$

$$L_n=-\frac{1}{2}\left\langle e^{in\tau}:P(\tau)^2-\frac{i}{2}\frac{d\Gamma_\mu}{d\tau}\Gamma^\mu:\right\rangle+\frac{1}{4}\delta_{n,0} \tag{7.21}$$

$$\frac{i}{4}\left\langle e^{in\tau}:\frac{d\Gamma_\mu(\tau)}{d\tau}\Gamma^\mu(\tau):\right\rangle=\frac{1}{2}\sum_{m=1}^{\infty}(n+2m)b_\mu^\dagger(m)b^\mu(m+n)-$$
$$-\frac{1}{4}\sum_{m=1}^{n-1}(n-2m)b_\mu^\dagger(m)b^\mu(n-m)+\frac{\sqrt{2}}{4}in\gamma_\mu b^\mu(n)\gamma_5 \tag{7.22}$$

である．したがって，

$$F_n\Psi=0$$

の要求の合理性を保証するには

$$L_n\Psi=0 \tag{7.23}$$

もまた要求される．この L_n の代数は

$$[L_m,L_n]=(m-n)L_{m+n}+\frac{1}{2}m(m^2-1)\delta_{m+n,0} \tag{7.24}$$

となる．また，L_n と F_m は

$$[L_m,F_n]=\left(\frac{m}{2}-n\right)F_{m+n} \tag{7.25}$$

である．以上の代数をしらべるのはやや長い計算を必要とするが，何の困難もない．

(7.18)の要求の中にはスピンに関係する ghost を消去する条件が含まれていて，スピン 3/2 粒子に対するラリタ・シュウィンガー (Rarita-Schwinger) の

方程式における

$$\gamma_\mu \psi_\mu = 0, \qquad \partial_\mu \psi_\mu = 0$$

に対応する条件とみなすこともできるだろう.

このラモントの模型はフェルミ粒子に対する模型で，半整数スピンの自由度は γ_μ の作用する波動関数の成分にふくまれている. $b_\mu^\dagger$ でつくられる部分はその反可換性にもかかわらず整数スピンしか与えない. したがって

$$\langle \Gamma_\mu(\tau) \rangle = \gamma_\mu$$

とおくことによって，はじめてディラック・スピノルが導入されたものである. もしこれをゼロとしてしまえば反可換の演算子を導入しながらなおボーズ粒子の理論が得られる. このような理論としては Neveu-Schwarz の模型がある.

あとがき

拡がりをもつ粒子の量子論は自転する電子の模型にまでさかのぼる．de Kronig, Uhlenbeck, Goudsmit らの自転する電子は，やがて Pauli のスピノル波動関数を用いるエレガントな手法により原子物理学の流れの背後に押しこめられ，Dirac の相対論的電子の理論の登場によってその主流から完全に姿を消す．しかし，Thomas や Frenkel の spinning particle の相対論的理論はいろいろな立場から論じられつづけてきた．1950 年頃までは，Dirac 電子の classical analogue を求めるという動機が強く働いているせいか spinning particle の相対論的理論を追求するというにとどまっていた．

1950 年前後から，拡がりをもつ粒子の理論は spinning particle の枠をこえて展開しはじめる．量子力学の因果的解釈をめぐり，Schrödinger および Dirac の方程式の流体力学的表示が検討された．さらに一般に spin をもつ流体の相対論的理論形式が構成され，そのような流体の小滴として spinning particle の理論を構成する試みがなされる．この時期に孤立系の重心に対するさまざまな議論が行われているようである．他方，場の理論の発散の困難に動機をもつ非局所場の理論が素粒子の統一的記述という目標を得て本格的に検討されはじめるのもまたこの時期である．ようやく数をましつつあるハドロンの撰択則である中野-西島-ゲルマンの法則が確立され，複合模型の考えが提唱されるのは 1950〜1955 の間である．そしてこの時期にほぼ重なって素粒子の模型としての相対論的剛体の理論[(6)]が提案されている．

本書ではこれらの流れについてほとんどふれなかったのでそれを補う意味において二三の文献を紹介しておく必要がある．

(1) 朝永振一郎：スピンはめぐる，みすず書房(1974)

(2) 高林武彦：パウリ，自然，1963 年 10 月, 12 月号(中央公論社)

この二つは自転する電子の歴史的分析にくわしく，量子力学形成の最終段階についても示唆に富み興味深い．

(3) T. Takabayasi : Relativistic Hydrodynamics of the Dirac Matter, *Progr. Theor. Phys. Suppl.*, No. 4 (1957)

（4） F. Halbwachs : Theorie Relativiste des Fluides à Spin, Gauthier-Villars, Paris (1960)

（3）は Dirac 場の流体力学表示についての綜合報告であり関連する文献はこれにまとめられている．（4）は同じような立場から spinning particle 理論をまとめた小冊子である．Frenkel, Mathisson, Weyssenhoff らの理論も紹介してあり相対論的流体の小滴としての立場の定式にくわしい．

（5） H. C. Corben : Classical and Quantum Theories of Spinning Particles, Holden-Day, Inc., San Francisco (1968)

この本は Bhabha-Corben の理論の流れをくむものであるが電磁場中の spinning particle の運動にも多くのページがさかれている．さらに Corben 自身の近年の理論についてもふれている．特に無限次元表現を用いる波動方程式についてかなりふれている．各章の文献リストは有用である．

さらに素粒子の模型としての剛体理論の論文として本書ではふれることのなかった次の論文をあげておく．

（6） T. Nakano : A Relativistic Field Theory of an Extended Particle I, *Progr. Theor. Phys.*, **15** (1956), 333

また，（3），（4）の流れともみなせる弾性エーテル模型の原形をなす定式化として次の論文もあげておこう．

（7） H. Fukutome : *Progr. Theor. Phys.*, **24** (1960), 915

この論文の形式は二つの方向に発展させる可能性がある．一つは全時空間に満たされたエーテルのひずみとして素粒子をみる立場で場の一元論に通ずる．もう一つは微小領域に閉じこめられた弾性的エーテルの小さい塊りを考えるもので弾性球モデルに通ずる．

無限成分場，双対共鳴理論を経て string model の定式化が行われた 1970 年頃から素粒子の構造や拡がりについての議論もさかんに行われるようになった．他方，弱い相互作用に関する統一理論として Weinberg-Salam のゲージ理論が脚光をあびるのもこの時期である．そして，S 行列理論，解析性，分散式にかわって対称性の自発的破れや Higgs 機構を加味した場の理論への回帰現象があらわれる．このような流れにあって，string model に関わる側面でいえば非可換ゲージ場の中に magnetic monopole に対応する特異性をみとめ，これを string とみなす立場があらわれる．他方，第二種超伝導体の磁束の量子化に対応するものとして string を考える超伝導モデルも袋の理論(bag theory)として登場する．これらはまた何らかの意味においてクォークの幽閉とかかわっている．しかし，これらの議論は1950年頃からはじめられた Heisenberg の非線型統一理論の流れをくむものであり，直接的には1961年の Nambu-Jona-Lasino の超伝導モデルのリバイバルといえる．そして，Weinberg 流のゲージ理論と同じく場の理論への回帰の一例と考えられる．このほか，非線型波動の厳密解としてしられるソリトン解をもって拡がりをもつ素粒子像にあてようという議論もさかんである．また，ゲージ場の理論を格子状の空間で考えて string の理論的基礎をあたえるものとみる Lattice Gauge Theory は時空間の量子化につながっていく可能性を含むとしたら興味深いものである．

これらの議論の中で一つだけ本書の立場に近い理論として M. I. T. の bag theory がある．これは空間的に有限な領域に閉じこめられた場をもって素粒子とみなす立場を定式化しようという試みであり，この領域は内部にはらまれた場の状態により変形をする．その意味で string が一次元的拡がりであったものを三次元的拡がりに拡張しさらに様々な場をその中に閉じこめてあるようなものである．このような考えは当然 string model につづいて論ぜられるべきものでありながら，あまりにもその理論が複雑で容易に特徴的結論がみちびけないので割愛した．ここにその論文をあげておく．

(8) A. Chodos, R. L. Jaffe, K. Johnson, C. B. Thorn and V. F. Weisskopf : A New Extended Model of Hadrons, *Phys. Rev.*, D. **9**(1974), 3471

この考えはその後主として一次元的空間の場合に議論されている．この理論をもう少し簡単化する試みとしては

(9) T. Gotō : *Progr. Theor. Phys.*, **53**(1975), 1178

があるが，場の閉じこめられた領域が変形をしないことなどもありなお不満足な点が多い．

参考文献

本書は著者自身が直接計算したり考えたりしたことを中心にまとめあげたものであるために内容的にはずい分かたよったものである．それ故，完備した文献リストを用意することが必要とされるが，その任にはとうてい耐えない．それでまず全般的に本書をまとめる上で参考にした文献について述べ，その後で各章毎に参考にした文献をあげる．文献についてはこれらの優れた綜合報告や成書の文献リストを参照して頂きたい．

非局所場・剛体模型・無限成分場などの精選された文献リストについては

［1］ 素粒子の拡がりと模型．田中正・石田晋編：物理学会「新編物理学選集」，**62** の文献リスト

［2］ 岩波講座「現代物理学の基礎」，**11**，素粒子論(岩波書店)の文献

などをみられたい．また，無限成分場の文献については

［3］ 高林武彦：日本物理学会誌，**24**(1969)，165

に多い．

1960年代における基礎物理学研究所長期研究計画にもとづく研究会を中心とした仕事のまとめとして

［4］ Theory of Elementary Particles Extended in Space and Time, *Progr. Theor. Phys. Suppl.*, No. 41 (1968)

がある．ここには剛体模型・無限成分方程式などについての文献が多く引用されている．

string model や双対共鳴理論の文献はあまりにも多い．これについては第5章の綜合報告(文献[29])の文献リストをみられたい．なお string model の定式化以前の解説として

［5］ 田中　正：非局所理論の新局面，科学，1969年，No. 12

後藤鉄男：拡がった素粒子像，日本物理学会誌，**25**(1970)，347

がある．

第1章

剛体回転については次の二つをあげておく．

［6］ H. B. G. Casimir : Rotation of a Rigid Body in Quantum Mechanics, J. B. Wolter's, Kroniger (1931)

［7］ F. Bopp u. R. Haag : *Z. f. Naturf.*, **59** (1950), 644

spinor を用いる形式については文献[4]を参照されたい．また spinor 演算子を用い

て回転群を論ずる形式については

[8] J. Schwinger : On Angular Momentum Quantum Theory of Angular Momentum, ed. by L. C. Biedenhorn and H. Van Dom, Academic Press, N. Y., London (1965)

をみられたい.

原子核の表面振動の理論としては

[9] A. Bohr : *Mat. Fys. Medd. Dan. Vid. Selsk*, **26**, No. 14 (1952)

が原論文である.

弾性球理論の論文としては

[10] O. Hara and T. Gotō : *Progr. Theor. Phys.*, **44** (1970), 1383
T. Gotō : *Progr. Theor. Phys.*, **34**, (1965), 1007

をあげておく.

第2章

point-like system, relativistic rotator の理論としては

[11] T. Takabayasi : *Progr. Theor. Phys.*, **23** (1960), 915; **25** (1961), 901

をあげる. 高林氏らのそれ以前の論文はここにかなり引用されている.

この章の§2, §3の議論は homogeneous Hamiltonian formalism を背景にしている. また本書の以後の定式化はこの形式に依存している. これは Dirac の一般化された Hamilton 形式の特別な場合である. Dirac 理論に関しては次の文献を参照されたい.

[12] P. A. M. Dirac : *Canad. J. of Math.*, **3** (1951) 1
P. A. M. Dirac : Lectures on Quantum Mechanics, Belfer Graduate School of Science, Yeshiva Univ., New York (1964)
A. Kalz : *Nuovo Cimento*, **37** (1965), 745
A. Mercier : Analytical and Canonical Formalism in Physics, North-Holland, Amsterdam (1959)

Kalz の論文は constraint のある場合の波動関数の規格化について論じている.

非局所場関係の論文は文献[1]のリストをみて頂くことにして, ここでは次の二つをあげておくにとどめる.

[13] H. Yukawa : *Phy. Rev.*, **77** (1950), 219; **80** (1950), 1047
T. Takabayasi : *Progr. Theor. Phys.*, **34** (1965), 124

Regge 理論については例えば次の成書をみて頂こう.

[14] 川口正昭 : 素粒子論, 共立全書 (1969)
S. C. Frautschi : Regge Poles and *S*-matrix, W. A. Benjamin Inc., New York

(1963)

form factor の分析については

[15] K. Fujimura, T. Kobayashi and M. Namiki : *Progr. Theor. Phys.*, **43** (1970), 73; **44** (1970), 193

S. Ishida, K. Konno and Y. Yamazaki : *Progr. Theor. Phys.*, **47** (1972), 2117

をあげておく．なお極く最近 bi-local 場および rotator の定式化が再び検討された．これらをあげると

[16] T. Takabayasi : *Progr. Theor. Phys.*, **54** (1975), 563; **57** (1977), 331

T. Takabayasi and S. Kojima : *Progr. Theor. Phys.*, **57** (1977), 2127

T. Gotō : *Progr. Theor. Phys.*, **58** (1977), 1635

K. Kamimura : *Progr. Theor. Phys.*, **58** (1977), 1947

相対論的剛体運動については

[17] A. Trautman : Lectures on General Relativity, Brandeis Summer Institute in Theoretical Physics, vol. 1., Prentice Hall, Inc., New Jersey (1964), 201～227

を参照されたい．

expinor 表現については

[18] E. M. Corson : Introduction to Tensors, Spinors and Relativistic Wave Equations, Hafner (1953)

にある．なおこれにはスピノル座標を用いた表現も論じている．

スピノル座標を用いる場合の議論については，特に文献[4]の Takabayasi の論文，Hara-Gotō の論文およびそこの引用文献をみられたい．

第3章

ローレンツ群とポアンカレ群の表現については

[19] 大貫義郎：ポアンカレ群と波動方程式，応用数学叢書，岩波書店 (1976)

M. A. Naimark : Linear Representation of the Lorentz Group, Pergamon Press (1964)

および文献[18]をあげておこう．

無限成分場の綜合報告として，特に§2に関する議論は文献[4]の高林氏の論文にくわしい．§3のマヨラナ表示の原論文は

[20] E. Majorana : *Nuovo Cimento*, **9** (1932), 335

である．

C, T, P, 定理に関連する論文としては

[21] G. Feldman and P. T. Mathews : *Phys. Rev.*, **154** (1967), 1241

C. Fronsdal and R. White : *Phys. Rev.*, **163** (1967), 1835

S. Naka and T. Goto : *Progr. Theor. Phys.*, **45** (1971), 1979

をあげておく.

3-spinor 模型としては

[22] T. Takabayasi : *Progr. Theor. Phys. Suppl.*, Extra Number (1965), 339

である.

内部自由度の Regge 化については文献[4]の S. Tanaka の論文をみて頂くことにしよう. また素領域理論については文献[2], [4]の H. Yukawa, *et al.* の論文および

[23] H. Yukawa : *Progr. Theor. Phys. Suppl.*, No. 37/38 (1966), 512

がある.

第4章

場の理論の一般的制限を加えると無限成分場の存在が許されなくなる. これはいわゆる no-go theorem といわれるもので

[24] I. T. Grodsky and R. F. Streater : *Phys. Rev. Letters*, **20** (1968), 695

に示されている. no-go theorem 以後無限成分場の論文は急に少くなったような印象をうける. しかし, もともと非局所場を考える立場からすれば局所場の枠をはなれていこうというのであり, 何らかの本質的変更を試みることであるからこの定理にあまりこだわる必要はないだろう. むしろ, この定理に示されたことを越える第二量子化の理論を見出すことが問題となる.

形状因子や散乱振幅の議論としては Nambu, Barut *et al.*, Fronsdal, Gotō–Otokozawa その他の論文がある. ここでは

[25] Y. Nambu : *Progr. Theor. Phys. Suppl.*, No. 37/38 (1966), 368; *Phys. Rev.*, **160** (1967), 1171

をあげておく. その他については文献[1]の解説および文献リストをみて頂くことにしよう. また形状因子の現象論的分析は文献[15]を参照されたい.

ファインマン図の規則についての一般形は

[26] K. Koller : *Nuovo Cimento*, **54** A (1968), 79

に与えられているが, ボルン近似での散乱振幅の具体的な計算としては

[27] T. Gotō and J. Otokozawa : *Progr. Theor. Phys.*, **45** (1971), 263

T. Gotō, J. Otokozawa and T. Obara : *Progr. Theor. Phys.*, **45** (1971), 1967

をあげておく. その他にも散乱振幅の計算はあるが, ボルン近似のすべてのグラフを考

慮に入れていない.

§5の議論の詳細については

[28]　T. Gotō and S. Naka : *Progr. Theor. Phys.*, **51** (1974), 299

をみられたい.

第5章

string model および双対共鳴理論については非常に多くの論文がある．次にあげる綜合報告・教科書はそれぞれ特色があり，また引用されている文献も豊富である.

[29]　a)　V. Alessandrini, D. Amati, M. LeBellac and D. Olive : *Physics Report*, C **1** (1971), 269

b)　J. H. Schwarz : Dual Resonance Theory, *Physics Report*, C **8** (1973), 269

c)　P. H. Frampton : Dual Resonance Model, *Frontiers in Physics*, Benjamin, Inc. (1974)

d)　C. Rebbi : Theory of Dual Resonance Model and of Quantum Relativistic String, *Physics Report*, C **12** (1974), 1～73

e)　S. Mandelstam : Dual Resonance Model, *Phys. Report*, C **13** (1974), 259～353

String model の定式化に関する初期の論文については文献[1]の解説および文献リストをみられたい．また，string の古典解については

[30]　T. Takabayasi : *Progr. Theor. Phys.*, **49** (1973), 1724

をあげておこう.

String の電磁相互作用についても文献[1]のリストを参照されたい, Nambu, Manassah-Matsuda, Konishi *et al.* などの論文がある．しかし，§4の議論は次の論文によった.

[31]　T. Gotō and S. Naka : Proc. of International Symposium on High Energy Physics, Tokyo (1973)

カルツァ理論の原論文は

[32]　Th. Kaluza : *Sitzungsber. d. Preuss. Akad. d. Wiss.*, (1921), 966

であるがむしろ次の論文がみやすい.

[33]　O. Klein : *Helv. Phys. Acta Suppl.*, **4** (1956), 58

O. Hara : *Progr. Theor. Phys.*, **21** (1959), 919

補助条件の消去については

[34]　P. Goddard, J. Goldstone, C. Rebbi and C. B. Thorn : *Nuclear Phys.*, B **56** (1973), 109

にはじまるが Dirac 形式を用いたものとして

[35] Y. Chikashige and K. Kamimura : *Progr. Theor. Phys.*, **54** (1975), 251

がよい．ここでは時空間が 26 次元ということが必要である．なお本書では制限条件が ghost をおさえているという証明は省いたが，これについては

[36] R. Brower : *Phys. Rev.*, D **6** (1972), 1655

をみられたい．なお文献[29]-c)にもある．

string-string の相互作用については[29]-e)および

[37] M. Kaku and K. Kikkawa : *Phys. Rev.*, D **10** (1974), 1110

をみられたい．これらは 26 次元の時空間という制限のもとで string-string の相互作用を定式化した興味ある論文であるが，汎関数積分による量子化の方法を用いているため本書ではあえてふれなかった．なお，汎関数積分を用いる定式化は崎田氏らによる一連の仕事がある．

§5.5-2 については

[38] T. Gotō and S. Naka : *Progr. Theor. Phys.*, **51** (1973), 600

によりくわしい議論がある．ただし，この論文では loop 状の場合について論じてある．また差分方程式については次の論文のみである．

[39] S. Naka : *Progr. Theor. Phys.*, **48** (1972), 1024; **52** (1974), 1051

Ramond および Neveu-Schwarz の模型については

[40] P. Ramond : *Phys. Rev.*, D **3** (1971), 2415

A. Neveu and J. H. Schwarz : *Nuclear Phys.*, B **31** (1971), 86

の原論文か，[29]-c)をみられたい．なおこの他に string に spin を導入する試みとしては

[41] Y. Iwasaki and K. Kikkawa : *Phys. Rev.*, D 8 (1973), 440

T. Takabayasi : *Progr. Theor. Phys.*, **47** (1972), 1026

S. Tanaka : *Progr. Theor. Phys.*, **52** (1974), 351

などがある．

索　引

ワ　行

■岩波オンデマンドブックス■

拡がりをもつ素粒子像

1978 年 9 月 6 日　第 1 刷発行
2014 年 2 月 13 日　オンデマンド版発行

著　者　後藤鉄男（ごとうてつお）

発行者　岡本　厚

発行所　株式会社　岩波書店
〒101-8002 東京都千代田区一ツ橋 2-5-5
電話案内 03-5210-4000
http://www.iwanami.co.jp/

印刷／製本・法令印刷

ISBN978-4-00-730093-6　　Printed in Japan